U0255953

何品晶　侯靖岳　主编

图书在版编目（CIP）数据

可持续发展之旅：垃圾王国 17 遇 / 何品晶，侯靖岳主编．-- 北京：中国大百科全书出版社，2022.2

ISBN 978-7-5202-1094-2

Ⅰ．①可… Ⅱ．①何… ②侯… Ⅲ．①垃圾处理—少儿读物 Ⅳ．①X705-49

中国版本图书馆 CIP 数据核字（2022）第 018447 号

可持续发展之旅：垃圾王国 17 遇

出 版 人：刘国辉
策划编辑：刘　杨
责任编辑：黄佳辉
责任印制：邹景峰
出版发行：中国大百科全书出版社
地　　址：北京市西城区阜成门北大街 17 号　　邮编：100037
网　　址：http: //www.ecph.com.cn　　电话：010-88390718
排版制作：北京博海维创文化发展有限公司
印　　刷：北京汇瑞嘉合文化发展有限公司
字　　数：230 千字
印　　张：9.5
开　　本：889 毫米 ×1194 毫米　1/16
版　　次：2022 年 2 月第 1 版
印　　次：2022 年 2 月第 1 次印刷
书　　号：978-7-5202-1094-2
定　　价：158.00 元

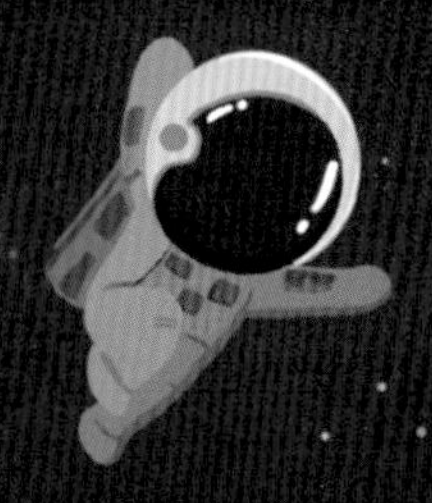

主　　编：何品晶　侯靖岳

环境顾问：祝真旭

教育顾问：史根东

内容策划：钱名宇

文字主创：梁晨阳　张宏艳　张倩　李潇潇

插画创意：丁智博　李潇潇

装帧设计：李潇潇

内容审定：钱名宇　陈晓萍

本书由国家适当减缓行动（NAMA）基金会委托德国国际合作机构（GIZ）执行的“中国城市生活垃圾领域国家适当减缓行动项目（IWM NAMA）”支持。感谢汉斯·赛德尔基金会及联合国可持续发展教育（杭州）专业区域中心提供的可持续发展教育领域的专业经验与建议。

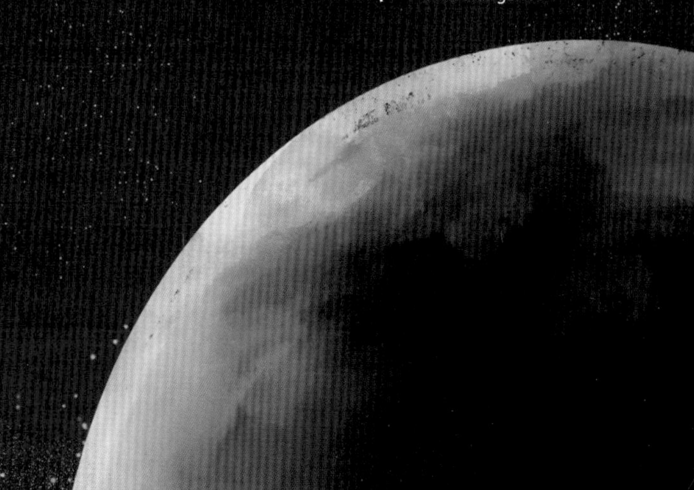

特殊的年份：2030 年

世界经济的飞速发展，让人类的生活舒适、便利且绚烂，但也对地球的生态环境造成了破坏，这给社会的整体发展带来很大的挑战。

2015 年，为了保护地球，实现人类和平、繁荣的共同愿景，联合国通过了一项全面且雄心勃勃的决议——《变革我们的世界：2030 年可持续发展议程》，用 17 个可持续发展目标（Sustainable Development Goals，SDGs）绘制了人类未来生活的美好蓝图，显示了国际社会对保护地球生态、促进经济增长、构建包容性社会的共同决心。希望到了 2030 年，人类社会可以更加健康、和平、繁荣地发展，我们生活的这颗星球也变得更加美好！

来自德国国际合作机构（GIZ）的一份礼物

我们在做些什么？与这本书又有什么关系呢？

要实现可持续发展目标，所有人都应该为此努力，GIZ 的伙伴们也不例外。我们希望可以成为不同国家之间的桥梁，致力于传递先进的技术、鼓励各国互相学习、促成国家间的合作。

截止到 2020 年，我们的工作帮助 530 万人克服了饥饿与营养不良，让 730 万人获得了更好的饮用水供应，提供了 380 万千瓦时的绿色电力，为 1200 万人带来了更好的教育资源，帮助 22 万人获得了工作岗位，保护了 20 万平方千米的森林，减少了 1700 万吨的二氧化碳排放……

在可持续发展领域工作了 40 多年，我们把想说的话、要传递的理念，都融合在生动的故事、有趣的问题，以及本书的 17 项挑战中。这份精心制作的礼物，是为了让更多的人，特别是学生朋友，可以了解和学习 SDGs，携手为实现这些目标努力。

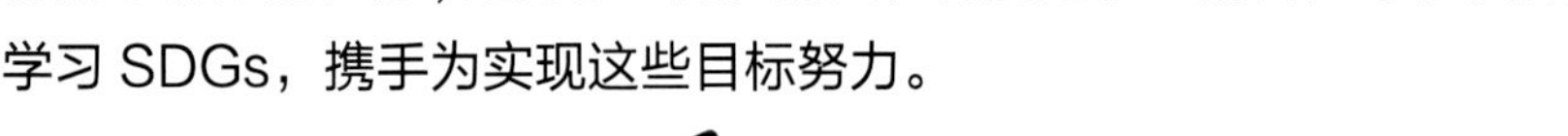

接力棒的传递

仅有我们的努力是远远不够的！

愿这本书能让你意识到可持续生活的动人之处，明白实现这些宏大且艰难的目标是多么必要又迫切，并愿意为之努力。也希望读完这本书的你，能更关注可持续话题，想要并开始做出一些改变，甚至能想出更多的新点子！只有年轻的你们也加入其中，并努力影响家人与身边的朋友，让大家一同承担起这份沉甸甸的责任，我们才能真正地实现全球可持续发展。

THORSTEN GIEHLER (吉乐)

亲爱的读者：

我们只有这一个地球，我们有责任为子孙后代保护它。

这正是可持续发展目标（SDGs）对我们的呼吁。2015 年，联合国所有会员国就 17 个全面、雄心勃勃的可持续发展目标达成一致，并在《变革我们的世界：2030 年可持续发展议程》中提出了这些目标。

为了实现这些目标，所有的人都必须做出努力，正是我们共同的行动决定了前进的方向。例如，在日常生活中，我们可以少开车、购买对生态友好的衣服、注意减少废物的产生。为了减少种种导致冲突、不公正和环境恶化的因素，我们需要团结一致，在社区、组织和国际合作等层面开展工作。

这就是汉斯·赛德尔基金会（HSS）所代表的意义。在德国和世界各地的 60 多个国家，我们都致力于实现《变革我们的世界：2030 年可持续发展议程》中的目标，减少贫困、保护环境、促进和平和国家之间的理解。对我们来说，让尽可能多的人加入进来，与我们一起努力实现可持续发展目标，这一点非常重要。

我希望每个学校都能讲授可持续发展目标，希望世界上每个孩子都能在小学阶段就了解到自己对塑造未来的个人责任，积极生活、展开行动。因此，我要感谢德国国际合作机构（GIZ）支持了这本书的出版。在这本书编写的同时，汉斯·赛德尔基金会也邀请专家编写了一本关于可持续发展教育理论和案例方面的图书。这两本书在内容上相互补充，均由中国大百科全书出版社出版。

我希望所有的读者，无论是学生、家长还是老师都能在阅读和研究这两本书的时候获得乐趣，并希望它们能够帮助大家更好地理解可持续发展这个重要的主题。

马库斯·费尔伯

汉斯·赛德尔基金会（HSS）主席

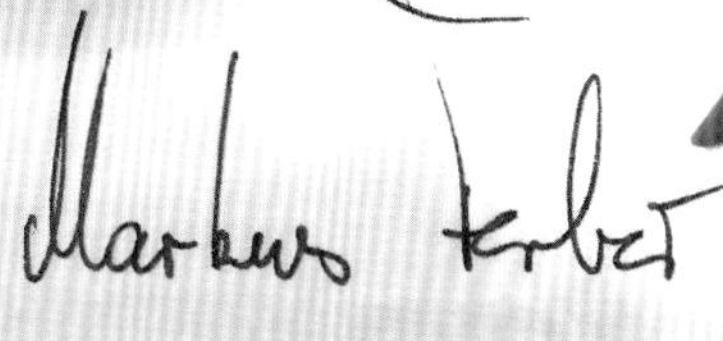

一颗种子落入大地，渐渐苏醒发芽，雨水、阳光和土壤帮助它慢慢长成参天大树。它为小鸟、松鼠提供住所，为小鹿、小熊遮阴挡雨，还把自己的果实分享给朋友们。春去秋来，飘落的树叶、掉落的果实，以及动物朋友们的“特殊馈赠”又滋养了大地，让这片土地得以孕育和供养更多的生命。冬日，万物在白雪中安眠，静静等待下一个春天。大自然就这样日复一日，循环往复——生命在其中诞生、长大、繁衍、消亡，也以不同的方式回馈着自然。

人类也是这样循环中的一员。与动物植物不同的是，他们还会生产比自身重很多倍的“钢铁巨人”。操作着这些“巨人”，人类用几百年时间，开采了地球孕育了几十亿年的资源，并制造出很多本不属于自然界的物品。但很快，大量物品不再被人们需要，这些物品组建成了“垃圾王国”。垃圾王国影响了大自然的循环，也给人类的生存发展带来了难题。

在这里，你将接受来自垃圾王国的 17 项挑战。初始关卡带你逐步了解垃圾王国；随后关卡升级，你要协调垃圾与土壤、大气、水、动物、植物及人类的关系，探索通关方式；当然还有辅助任务，在关注自然规律的同时，创造足够的财富，让所有人都能公平、体面地生活也很重要哦！

每一项挑战都和垃圾有着或多或少的关系，当你闯过所有关卡，困境和难题便迎刃而解。垃圾可以重新参与到自然循环中，和阳光、风、水、土壤一样，带来能量与养分。万物又恢复了原本的样子：森林中，树木可以欢快生长，动物们时时可以饱餐一顿；海洋中，珊瑚窃窃私语，鱼儿成群结队；农田里，农民伯伯辛勤劳作并有收获，小汽车可以自由驰骋在路上；我们和爸爸妈妈也在工作、学习之余一起郊游，享受自然的美好。

打开这本书，你就已经叩响了垃圾王国的大门。嗨，你准备好开启一场大冒险了吗？
来吧！垃圾王国的多彩地图正在等你点亮，也欢迎你在探险结束后，继续填涂属于你的奇妙世界！
可回收物
其他垃圾
let's go
有害垃圾

目录

CONTENTS

垃圾王国17遇

为了实现可持续发展目标，这里为你准备了 17 段精彩绝伦的“冒险旅程”，你准备好开启垃圾王国的旅途了吗？

11 可持续城市和社区

垃圾金字塔

城市的面积仅占全球土地面积的3%，却生活着世界上超过一半的人口，造成了60%以上的能源消耗和75%的二氧化碳排放。

宜居的人居环境依赖于可持续的城市建设。垃圾处理系统就像身体的肾脏一样，帮助城市维持每天的“健康代谢”。

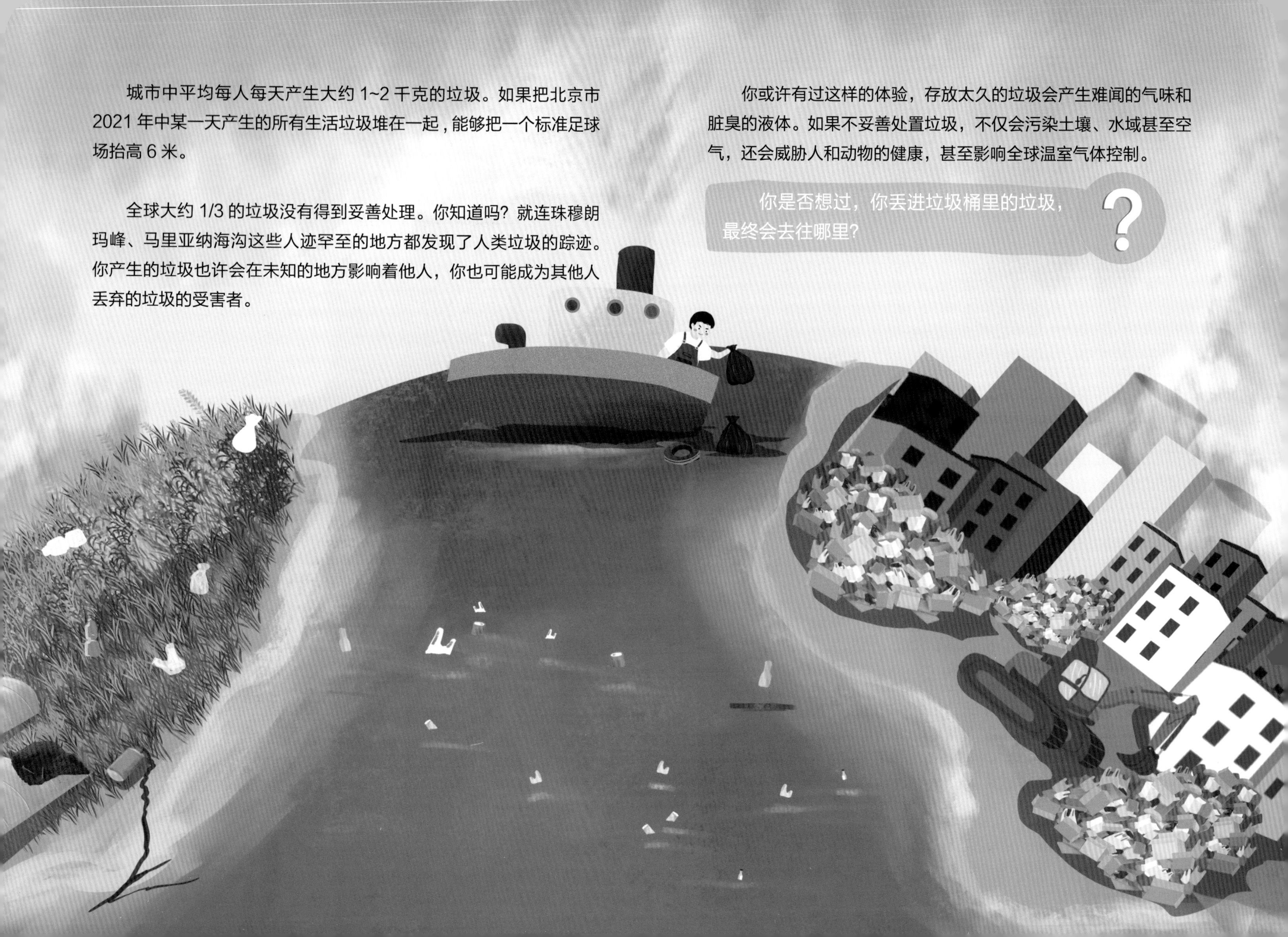

城市中平均每人每天产生大约 1~2 千克的垃圾。如果把北京市 2021 年中某一天产生的所有生活垃圾堆在一起，能够把一个标准足球场抬高 6 米。

全球大约 1/3 的垃圾没有得到妥善处理。你知道吗？就连珠穆朗玛峰、马里亚纳海沟这些人迹罕至的地方都发现了人类垃圾的踪迹。你产生的垃圾也许会在未知的地方影响着他人，你也可能成为其他人丢弃的垃圾的受害者。

你或许有过这样的体验，存放太久的垃圾会产生难闻的气味和脏臭的液体。如果不妥善处置垃圾，不仅会污染土壤、水域甚至空气，还会威胁人和动物的健康，甚至影响全球温室气体控制。

你是否想过，你丢进垃圾桶里的垃圾，最终会去往哪里？

认识生活垃圾

你是否注意过垃圾桶的不同颜色呢？它们分别对应不同种类的垃圾。不同垃圾也都有各自的“变身方式”。因此，我们作为垃圾的“制造者”，有义务正确分类垃圾，这样才能让垃圾管理体系发挥效用。

可回收物包括：适宜回收利用的纸类、塑料、金属、玻璃、织物等。

有害垃圾包括：灯管、杀虫剂、消毒剂和电池（如镍镉电池、氧化汞电池、铅蓄电池）等。

厨余垃圾（湿垃圾）包括：家庭厨余垃圾、餐厨垃圾等。

其他垃圾（干垃圾）包括：以上三类之外的生活垃圾。

（除上述 4 大类以外，家具、家用电器等大件垃圾和装修垃圾应单独分类）

垃圾综合管理系统

如果将城市比作我们的身体，垃圾管理系统就像人的肾脏，它不仅可以排出“代谢废物”，还能重新吸收“身体”所需要的部分“养分”。而这一切的前提则是，不同类型的垃圾要被正确分类，送往不同的“功能工厂”。

厨余垃圾被送到沼气厂或堆肥厂进行资源化利用，最后还能回归土地。（到“发光的垃圾”中了解更多吧！）

有害垃圾按照不同属性被送至专门的危险废物处理中心，进行无害化处理。（到“转‘危’为安”中了解更多吧！）

其他垃圾被送至垃圾焚烧厂进行焚烧发电或进行无害化填埋。（到“发光的垃圾”中了解更多吧！）

可回收物被送至再生资源利用中心进行分拣和回收再利用。（到“垃圾分类的魔法”中了解更多吧！）

垃圾分类处置只能解决一部分问题。人类面临的资源短缺的难题，有没有更好的解决办法呢？

这个倒立的金字塔就是答案！通过避免产生不必要的垃圾，可以从源头上节约大量的资源。很多物品在变成“垃圾”之前，可以通过重复利用、修复翻新等方式“重获新生”。有价值的垃圾还能经过再生“摇身一变”，被循环利用。无法被利用的垃圾经过能量回收完成最后的“发光发热”，最终被妥善处置。这就是垃圾层级管理的思路。

（请记住：越靠上的方案越推荐哦！）

垃圾层级管理金字塔

避免产生 生产者减少原料和能源的消耗，减少有害物质的使用，制造使用寿命更长的产品；消费者理性购买，思考是否有购买的必要。

重复利用 捐赠或转卖不需要的衣物、书籍、电器等物品；去二手商店里“淘宝”；增加产品的使用次数。

修复翻新 多使用模块化设计的产品，便于零部件的替换；损坏的物品优先送去维修；进行创意改造，为废弃物创造新的用途。

循环再生 一些失去原有价值的废弃物经过加工，再生为原料，重新用于制造其他产品。例如，废纸“变身”报纸，废塑料瓶“变身”织物等。

能量回收 无法进行材料回收的废弃物，通过高温焚烧、厌氧发酵等方式回收其中的能量。

最终处置 对失去所有利用价值的垃圾进行无害化处置，卫生填埋是最终的归宿。

循环经济

一个环节产生的废弃物或许可以成为另一环节的原料。循环经济就是基于这一理念产生的一种新型的生产和消费方式。通过防止废弃物产生、重复利用、共享租赁、修补再制造、循环再生等方式，材料能够保持长久的循环流通，从而减少资源和能源的消耗。

下面就以书本为例，看看循环经济模式赋予书本的几次“生命轮回”吧！

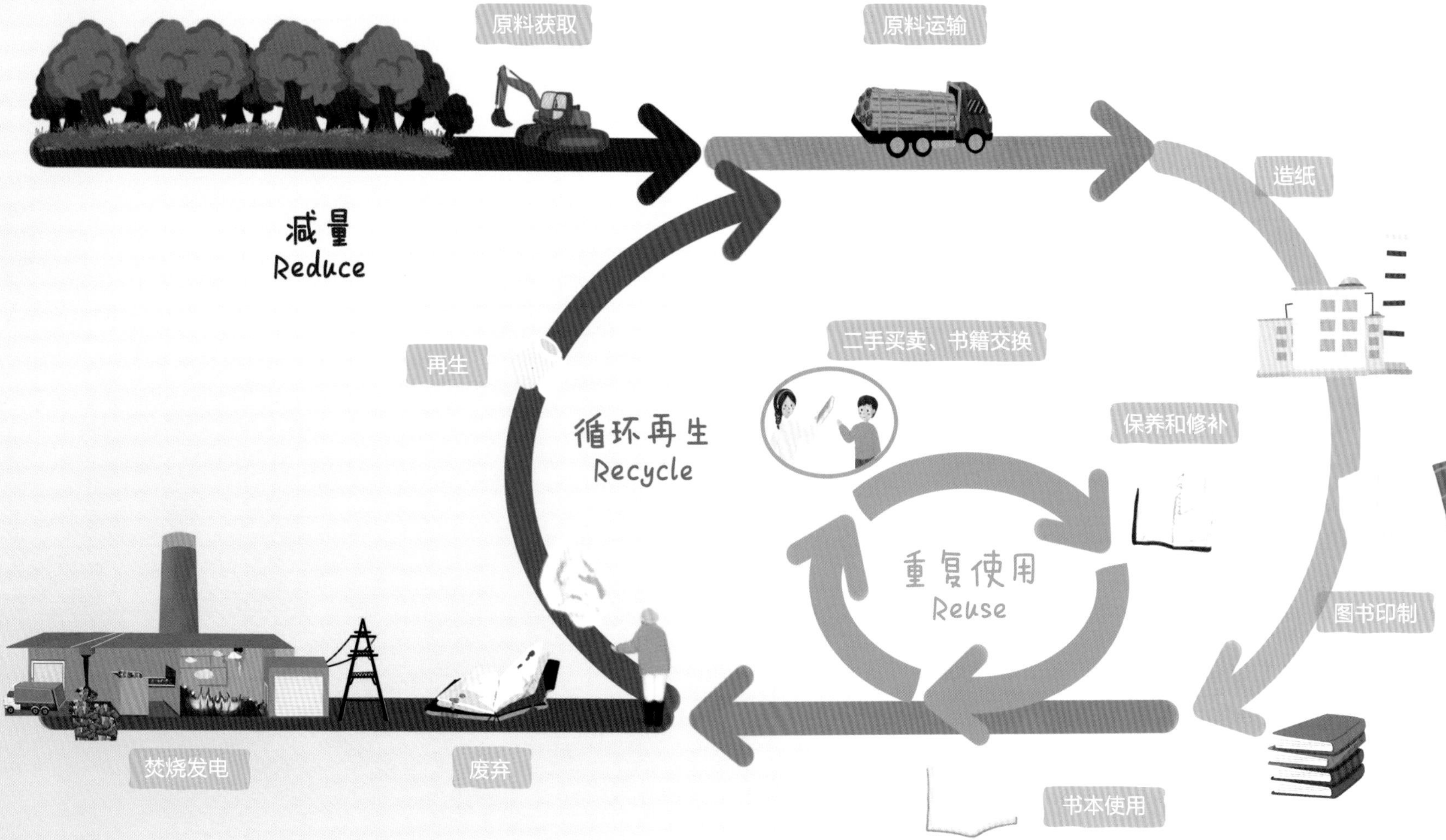

原料获取
原料运输
造纸
减量
Reduce
二手买卖、书籍交换
再生
循环再生
Recycle
保养和修补
重复使用
Reuse
图书印制
焚烧发电
废弃
书本使用

“城市宝藏”

中国每年产生的废钢铁、废纸、废塑料等城市代谢废弃物达上亿吨。在这些废弃物中，蕴含着大量的“城市宝藏”。利用它们不仅能缓解资源压力，还能减少环境负担。

“城市森林”

中国超过 50% 的造纸原料来自废纸浆。2019 年，中国约 49% 的废纸得到回收，回收量达到 5244 万吨。1 吨废纸能够生产约 0.8 吨再生纸，相当于少砍 17 棵大树。

“城市矿山”

中国每年产生的废钢超过 2 亿吨，这惊人的数字意味着巨量的金属资源可待“挖掘”。用 1 吨废钢直接炼钢还能节约 1.4 吨铁矿石。

“城市油田”

2020 年，中国产生的废塑料约为 6000 万吨，但回收率不到 30%。回收 1 吨塑料平均能节约 2.2 吨石油，减少约 1.5 吨温室气体的排放。1.5 吨的温室气体是普通燃油汽车行驶约 8000 千米的排放量。

相信你一定能感受到，城市的资源消耗与每个人的日常行为息息相关。请你和爸爸妈妈一起，完成一周的“无废打卡计划”吧！记录你们在垃圾减量、复用和回收方面的行动，并总结一下，有哪些行为可以变成日后坚持的好习惯呢？

	减量（如购置使用环保包装的产品）	复用（如用创意让废弃物变身）	回收（如把可回收物扔进正确的垃圾桶）
周一			
周二			
周三			
周四			
周五			
周六			
周日			

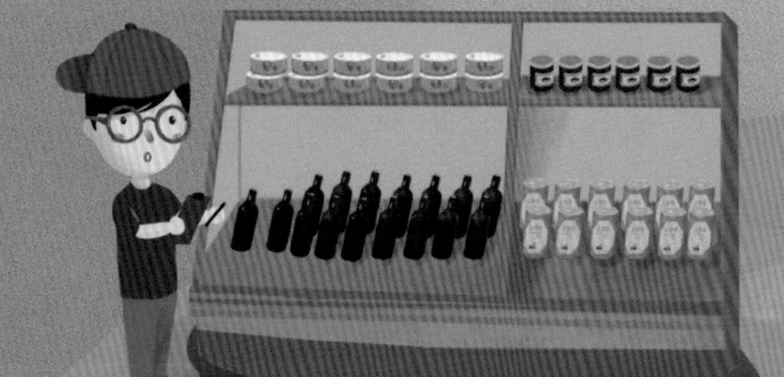

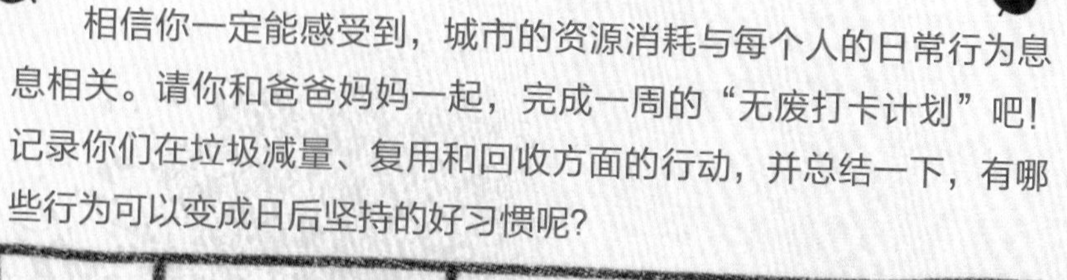

饼干的"新衣"

全球的消费和生产推动着经济发展，但也依赖于对自然环境和资源的利用，不可持续的利用模式会对地球造成破坏性的影响。

可持续消费和生产意味着用更少的资源做更多、更好的事，也意味着不应为了经济增长而过度消费环境，从真正意义上促进了可持续的生活方式。

超市货架上有面貌各异的饼干，你想把哪盒带回家?

你会更喜欢包装漂亮的饼干吗?

各种饼干就像参加“选美比赛”一样，把自己包装成最美的样子，争取博得你的喜爱。那你知道，除了“美观好看”，这些包装还有哪些作用呢?

从饼干生产、运输，再到在货架上被选购，包装都扮演着重要的角色。下面都是饼干包装的作用，请根据你的理解，给它们的重要程度排个序吧！

确保饼干在运输中不被压碎、不变形。

显示饼干的生产原料、生产商，以及包装物材料等信息。

突出品牌形象和饼干特点，吸引消费者的注意。

提升商品形象，创造文化艺术价值，提升消费体验。当然，饼干也有理由卖得更贵了！

保持饼干的干净卫生，防水防潮，延长保鲜期。

与你互动

假设一共有 100 块饼干，需要从海南运输到北京，请你化身“包装设计师”，挑选以下材料，为这 100 块饼干设计包装方案吧（不同材料可以组合使用哦）！

1. 塑料袋：1 个可装 10 块饼干。
2. 塑料托盒：1 个可装 5 块饼干。
3. 塑料分装包装袋：1 个小袋子可装 1 块饼干。
4. 纸盒：可用作饼干外层包装盒。
5. 你自创的包装材料。

设计小贴士：在设计包装时，除了要考虑包装在商品运输、销售、卫生等方面的作用以外，它们对资源的消耗和可回收性也是重要的因素。比如，从卫生和食用方便的角度看，单独的塑料分装袋更胜一筹，但也要考虑造成的垃圾问题。

把你的包装方案填到下面的表格里，请爸爸妈妈从功能性、美观度、成本、产生的垃圾 4 个维度评分，每个维度满分为 5 分（评分参考：功能性越强、美观度越好评分越高，成本和产生的垃圾越少评分越高）。

不同类型的包装	评分维度			
	功能性	美观度	成本	产生的垃圾

你发现了吗？包装越复杂华丽，成本也越高，产生的垃圾也会越多。过度包装其实会造成很多的资源被浪费。观察一下身边的商品，你还能发现过度包装的例子吗？

知识链接：过度包装是指超出正常的包装功能需求，其包装层数、包装空隙率、包装成本超过必要程度的包装。

精美的包装确实更有吸引力，甚至还会让人更有面子。在激烈的市场竞争下，过度包装出现在越来越多的产品类别中。一层又一层的月饼礼盒，华而不实的化妆品礼盒，甚至连水果等生鲜食品也“被迫穿上了外套”。

快递行业也是过度包装的“重灾区”。当你在网上下单后，那些本身就包装精美的商品，又被包裹到缓冲包装和纸箱里，送到你的家中，体形变“胖”了好多。但这些快递包装大部分在开箱后就会被直接丢弃。

也许你觉得自己扔掉的一个纸箱、几个气泡袋不算什么。但你知道吗？2019 年，中国快递行业一共消耗了约 220 亿个塑料袋、142 亿个包装箱、425 亿米胶带……巨大的包装消耗量也意味着严重的资源浪费和环境负担。

面对堆积如山的快递包装，请你从包装设计、打包方式、运输周转、废弃处置等环节考虑，为减少快递过度包装提出一套解决方案，并请爸爸妈妈来评价吧！

过度包装到底有什么问题？

资源浪费

生产过程：包装生产背后伴随着大量的原材料和能源（木材、石油等）消耗。以超市里常见的果蔬包装——聚乙烯塑料薄膜为例，欧盟的研究显示，生产 100 平方米的薄膜包装，将消耗约 10.5 千克的标准油，足够汽车行驶 190 千米。

消费过程：包装成本势必会影响商品定价，有些商家甚至仰仗华丽包装肆意抬高价格，消费者最终得为过度包装买单。

环境污染

生产过程：过量的包装生产不可避免地排放更多的工业废水、废气，加重了温室气体的排放。同样以生产 100 平方米的聚乙烯塑料薄膜包装为例，会造成约 13 千克的二氧化碳排放，相当于直接燃烧了 5 千克标准煤。

垃圾处理过程：过度包装导致生活垃圾的总量逐渐增长。由于包装废弃物回收价值低，且很多城市缺乏相应的管理办法和回收设施，使得大部分包装废弃物最终被焚烧和填埋，整体回收率不到 20%。

为包装“瘦身”

中国：让包装更加规范

2021 年，市场监管总局发布了新版《限制商品过度包装要求 食品和化妆品》国家标准，要求化妆品和食品包装“化繁为简”，对包装空隙率和包装层数等进行了限制，如粮食及其加工品包装层数不能多于 3 层；除了直接与内装物接触的包装之外，其他所有包装的成本不应超过产品销售价格的 20%。

快递包装也在“瘦身”名单中。2020 年，中国国家邮政局发布了《邮政快件绿色包装规范》，主要内容包括推广使用电子运单、规范打包方式、鼓励使用可循环包装等。

你还可以和快递员叔叔聊一聊，看看他们都在如何为快递包装“瘦身”。

德国：生产者责任延伸制

在德国，商品的生产者、经销商或者进口商要承担包装废弃物收集、分类、回收的费用哦！这就是“生产者责任延伸制”。包装材料越难回收、使用量越大，他们需要支付的费用就越多。因此为了节省成本，企业势必会在设计时尽可能减少包装的使用。德国的《包装法》还对不同包装材料的回收提出了更高的要求，如到 2022 年，纸类和塑料类的回收率都要达到 90%。

你听说过“生态设计”这个概念吗？一些新型包装使用了更环保的材料，还有的添加了可回收再生的原料，材料成分也尽可能简单，在设计时就要考虑资源环境的问题。

除了在设计上尽量精简之外，还有另一种思路能更加有效地为包装减量。比如，在一些超市或者“无包装商店”里，顾客可以在自带的容器里自主灌装洗衣液、谷物、调味料等商品，称重后支付。

与你互动

其实，无论包装或产品设计得多么环保，解决问题的关键还是我们作为消费者的行为和决定。和爸爸妈妈一起来进行一次“无包装挑战赛”吧！比如，买东西自带购物袋，优先购买洗涤产品补充装，用自带的水壶和吸管，等等。在家里画一个积分榜，看看谁用的包装最少吧！

不仅在包装方面，我们的每一次消费背后都关乎环境保护。整理一下你家里的物品，有没有你和爸爸妈妈一时兴起买下，但却很少用到的东西（如玩具、衣服）？另一方面，购买了哪些环保产品（如节能电器、再生纸）？请你邀请爸爸妈妈一起分析家庭的消费习惯，一起制订一个更加可持续的家庭消费计划吧！

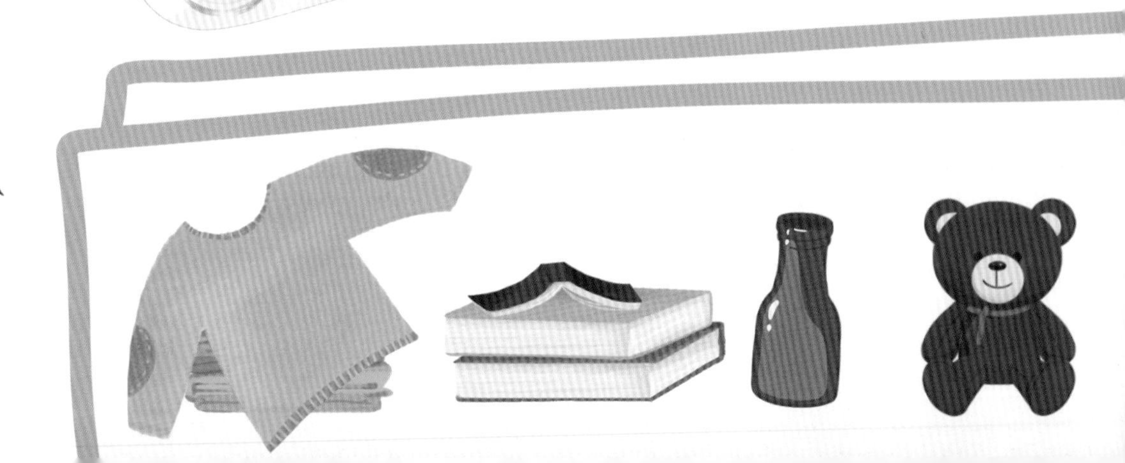

你是食物掠夺者吗

2019 年，全球约有 6.9 亿人处于饥饿状态，要为他们提供食物，不仅要改善全球粮食生产系统，还要做出更可持续的粮食消费选择。

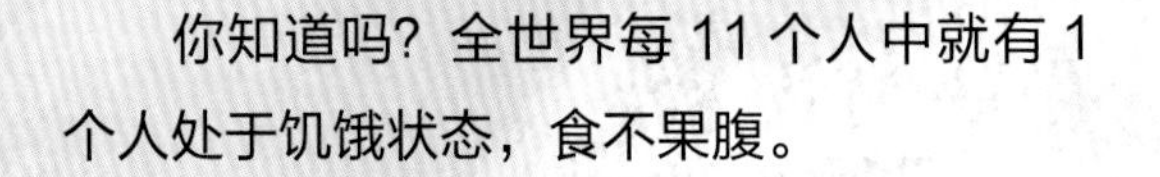

你们觉得吃一餐饱饭难吗？

你想没想过，在很多人追求营养搭配，甚至是节食减肥的今天，地球上还有不少人吃不饱甚至吃不上饭。

你知道吗？全世界每 11 个人中就有 1 个人处于饥饿状态，食不果腹。

为什么在科技飞速发展、农业高度现代化的今天，依旧会有粮食短缺的问题呢？把视角放在全球就不难发现，造成粮食短缺的主要原因有：

气候与地质条件不利

农作物的生长需要适宜的温度、土壤及水分，贫瘠的土地、恶劣的气候条件令许多地方不适宜耕种。另外，气候变化导致的极端天气事件则会让更多的良田变得不适宜耕种。（到“绿色的脚印”中了解更多关于气候变化的信息吧！）

经济衰退

重大变故，如突发公共卫生事件等可能引发经济衰退，造成失业、收入减少等情况，导致贫困及饥饿问题。

不稳定的发展局势

一些国家和地区正处于长期的冲突中。生存环境及农用耕地遭到破坏，人们被迫背井离乡，生产活动也无法正常开展，饱腹更成了奢望。

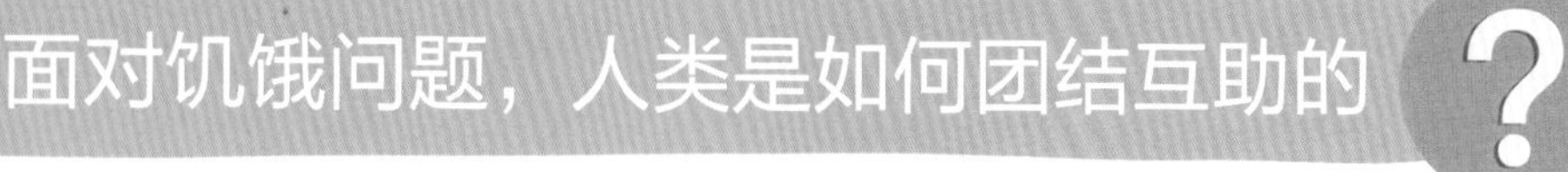

面对饥饿问题，人类是如何团结互助的？

资金援助

联合国粮食及农业组织、世界粮食计划署等国际组织，动员国际社会向遭受饥饿问题困扰的国家和人民提供粮食、投资等援助，解决他们的饥饿问题。

传授耕作技术

正所谓“授人以鱼不如授人以渔”。除了直接提供资金援助外，向一些土壤、气候条件适宜耕种但基础耕作技术不发达的地区的人民传授育苗、施肥驱虫等技术，可以帮助他们利用好自然优势，发展农业。

发展现代农业

你听说过可以抗病虫、抗倒伏的水稻吗？你见过自动播种机、能施肥的无人机、联合收割机这些农田里的“黑科技”吗？这些改良的粮食品种及农业机械体现了现代农业的发展，有助于提高粮食产量，缓解饥饿问题。

可怕的是，尽管全球粮食短缺和饥饿问题如此严重，食物浪费问题还是一直存在，“食物掠夺者”出没在家庭、餐厅及食品零售业等领域。根据联合国发布的《粮食浪费指数报告》，2019 年，全球大约有 9.31 亿吨食物被浪费，约占可供消费食品总量的 17%。被浪费掉的食物可以装满 2300 万辆载重量为 40 吨的卡车，这些卡车首尾相接，可绕地球 7 圈。

“食物掠夺”无处不在

食物从农田到餐桌要经历“九九八十一难”，每个环节都有被“掠夺”的风险。储存、加工、运输的过程中，可能会因为设备不足、技术不完善等原因，损失一部分食物。而在消费环节，更出没着大量的“食物掠夺者”。你知道吗？在美国，约有 30%~40% 的食物会被浪费。食物被浪费意味着大量的水资源被浪费，每年有 24% 的农业用水是由于食物浪费而流失的，导致了约 8% 的温室气体排放。

“掠夺者”出现在食品的储存、运输和加工等环节，一起来了解它们，并找到对抗它们的通关攻略吧：

数据显示，中国粮食每年在储存、运输和加工环节的损失约为 3500 万吨，如由于收割不及时、运输环节的颠簸或冷藏条件不好、精细加工等造成的食物损耗，其中，储存环节造成的损失严重，据粮食部门统计，由于储存设施简陋、烘干能力不足、缺少技术指导等原因导致的粮食损失约为 8%。

近年来，中国通过发展机械化收割、改善传统储粮方式，以及配备良好的物流配送设施等措施减少了粮食损失。

智利、阿根廷等拉丁美洲国家制订了减少粮食损失和浪费的国家战略，发展可以减少粮食损失的技术等。

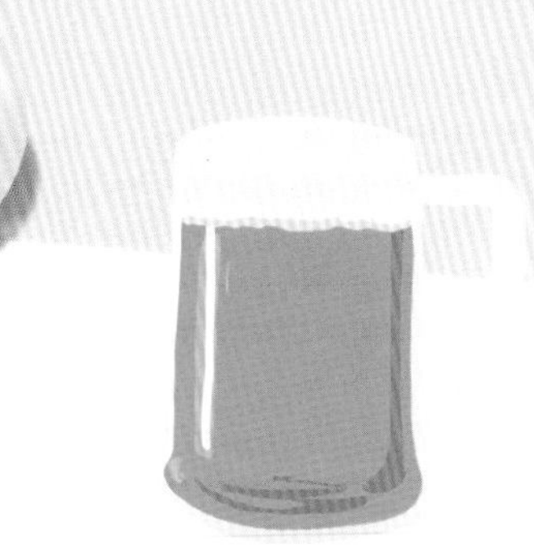

食物售卖和消费环节是更难的关卡，出没着更多的“食物掠夺者”：

超市的货架上：一些果蔬因为“卖相不好”无法上架而被扔掉；一些节庆食物（如中秋节的月饼）因为节日过了无人购买而被丢弃……

餐厅饭店中：当天没用到的多余备菜被倒进垃圾桶；客人点太多没吃完的精美晚餐也不能“幸免于难”……

家庭厨房中：采购的食材过多，很多还没吃就发霉了；零食尝了一口不喜欢就扔掉了。2019 年产生的 9.31 亿吨食物浪费，61% 来自家庭生活……

你还见过或经历过哪些食物浪费呢?

打败“食物掠夺者”需要各方的努力！

首先，国家颁布相关规定，予以“保护层加持”。比如，2013 年起，中国就开始推行“光盘行动”，2021 年通过《中华人民共和国反食品浪费法》。欧盟也在 2019 年发布《2030 年欧盟减少食物浪费》计划，希望到 2030 年实现食物浪费减半的目标。

其次，餐厅超市等食品零售商是“辅助玩家”。比如，法国超市开展了“不光彩的果蔬”活动，让那些原本因为“不好看”被扔掉的果蔬重回货架，并进行相关促销活动，受到了消费者的欢迎，活动期间，超市平均每天能卖出 1.2 吨果蔬。

最后，消费者是对抗食物浪费的“最佳玩家”。不要因为“爱面子”多点菜，吃光盘子里的食物，同时带动家人和周围伙伴一起消灭“食物掠夺者”这只怪兽吧！你对食物的珍惜还会让世界上某个角落正在忍受饥饿的人多一份获得食物的机会。

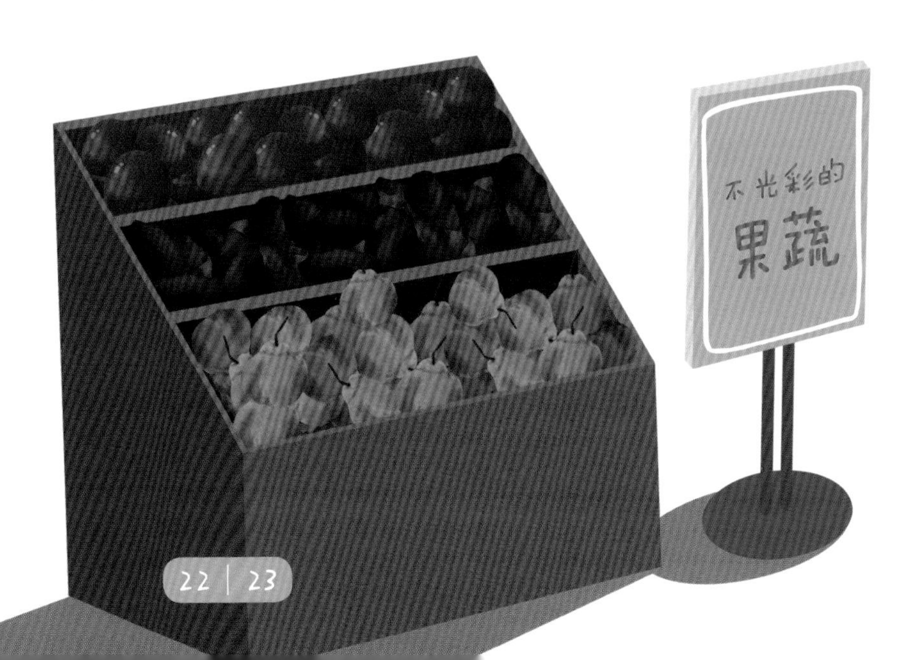

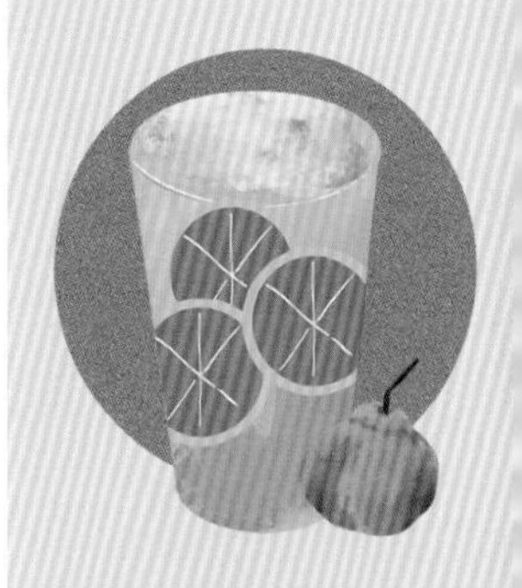

与你互动

和爸爸妈妈一起记录你家一周的食物采买情况和食用情况，将二者进行对比，分析一下你家是否存在食物浪费问题。如果有，请你开动脑筋，和爸爸妈妈一起烹饪，将“剩食”变“盛食”吧！

经济增长、社会发展和气候行动很大程度上取决于基础设施建设、可持续工业发展和技术进步。它们在改善人们生活水平、提高资源利用效率、保护环境方面发挥着关键作用。

垃圾分类的魔法

你见过这样的垃圾桶吗？它自动开盖，还能自动给厨余垃圾破袋，方便你干净卫生地扔垃圾。有的还有一块显示屏，显示你刚刚扔了什么垃圾，有多重等。当你扔完垃圾后，垃圾桶还把相应的积分累积到你的个人账户上，这些积分可以换一些小礼品哦！垃圾桶满后，还能自动及时通知收运员收走垃圾呢！

魔法小贴士：你的垃圾分类行动特别重要哦，不然“魔法”就无法延续下去。

“魔法”始于垃圾分类投放

应用数字化、智能化技术的垃圾桶不仅可以监测垃圾投放行为，提醒居民正确进行垃圾分类，还可以记录垃圾产生量、垃圾种类、投放习惯等数据，方便垃圾管理者更好地改善垃圾回收体系。

大魔法师们研发垃圾分类的“数字化魔法”，而你的垃圾分类投放行为让这个魔法成为可能，不知不觉，你已经成为魔法家族的一员了！

“魔法”传输——生活垃圾分类智能平台

通过智能平台，可以像管理快递一样，管理我们的垃圾，平台可以实现动态调度和动态监管，帮助收运单位精准地调度收运垃圾所需的车辆、人员，规划最佳收运路线，进而减少收运环节的能源浪费，减少温室气体排放，保护环境。

李工程师正关注着屏幕上的数据动态，这些数据实时记录了每个垃圾桶和每辆垃圾车的位置信息。如收到垃圾桶满的信号后，平台可以快速调度就近的收运车，将垃圾收运点及路线等信息发到垃圾收运员张师傅的手机上。

“我收到了平台的提醒。红色的点表示垃圾桶满了，还显示了垃圾的重量，”张师傅说，“清空垃圾桶后，这些点就会变成绿色。平台还能监测垃圾车的重量，及时提醒我运输过程中的垃圾遗撒情况。”

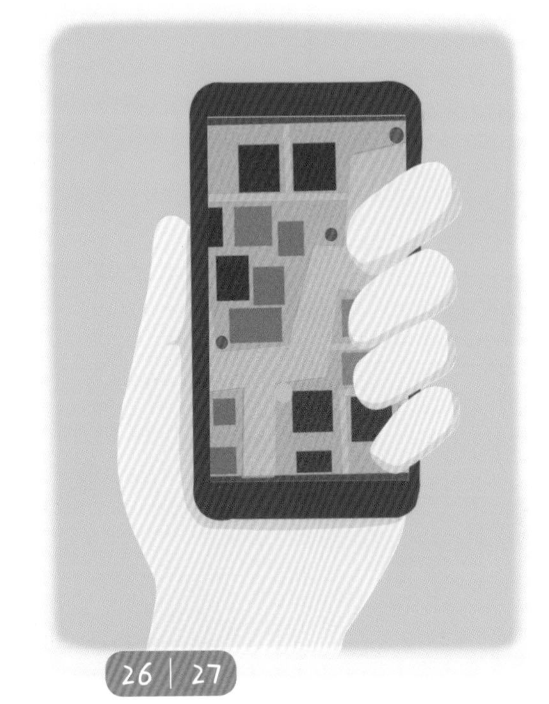

小区居民也可以通过平台查看自己投放垃圾的记录，以及利用个人积分兑换礼物。居民陈叔叔称赞道：“以前只是单纯地扔垃圾，现在可以通过平台了解到我产生了多少垃圾，以及这些垃圾的回收处理方式，直观感受到‘垃圾也是资源’，更体会到了要从我做起，减少垃圾的产生。”

垃圾被分类收集，就完成了第一道“魔法”，随后，不同的垃圾会进入不同的“魔法班级”，完成“变身”。接下来就以可回收物为例，来看看“魔法班级”是如何“分班”的吧！

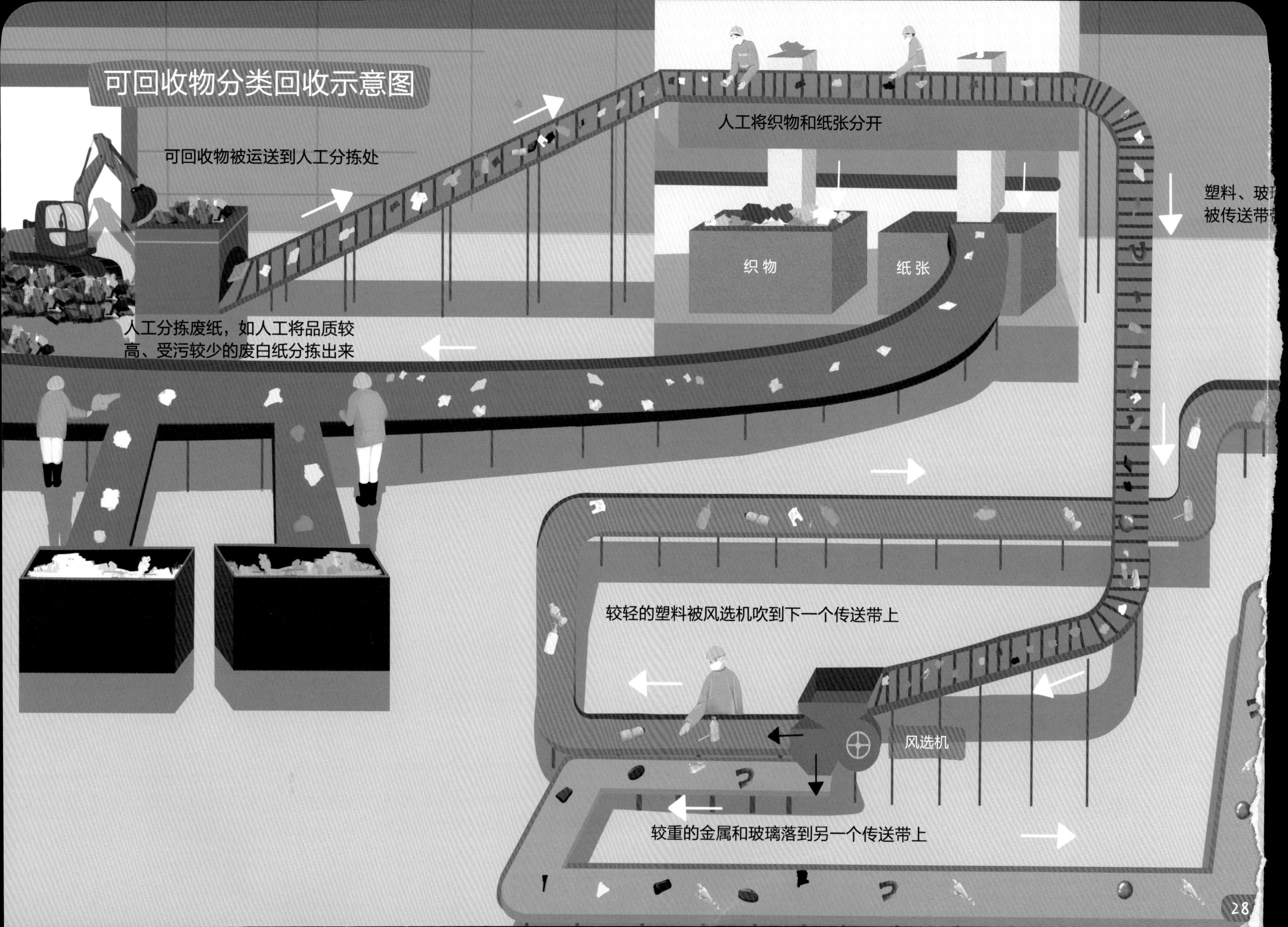
可回收物分类回收示意图
可回收物被运送到人工分拣处
人工将织物和纸张分开
织 物
纸 张
塑料、玻
被传送带
人工分拣废纸，如人工将品质较
高、受污较少的废白纸分拣出来
较轻的塑料被风选机吹到下一个传送带上
风选机
较重的金属和玻璃落到另一个传送带上

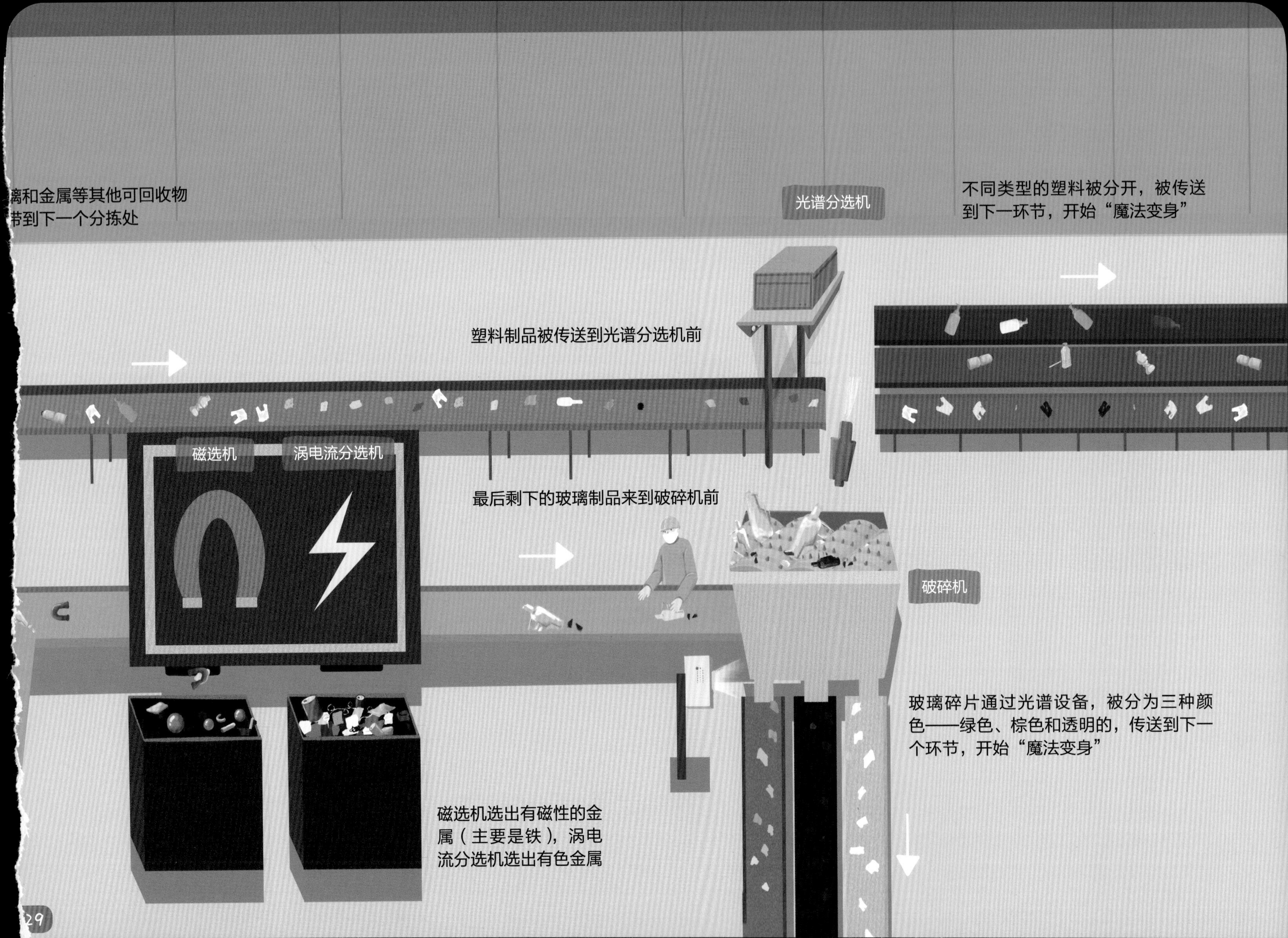
璃和金属等其他可回收物带到下一个分拣处
光谱分选机
不同类型的塑料被分开，被传送到下一环节，开始“魔法变身”
塑料制品被传送到光谱分选机前
磁选机
涡电流分选机
最后剩下的玻璃制品来到破碎机前
破碎机
玻璃碎片通过光谱设备，被分为三种颜色——绿色、棕色和透明的，传送到下一个环节，开始“魔法变身”
磁选机选出有磁性的金属（主要是铁），涡电流分选机选出有色金属

“魔法变身”——可回收物的回收利用

“分班”后的可回收物，就可以开始“魔法变身”了……

废纸

废纸最主要的用途是制造再生纸，经过净化、碎浆、抄造等工艺进行再生利用。质量较好的再生纸可以作为打印纸使用，其余的可以制成包装纸、厕纸等。使用再生纸可以减少对树木的砍伐，保护环境。

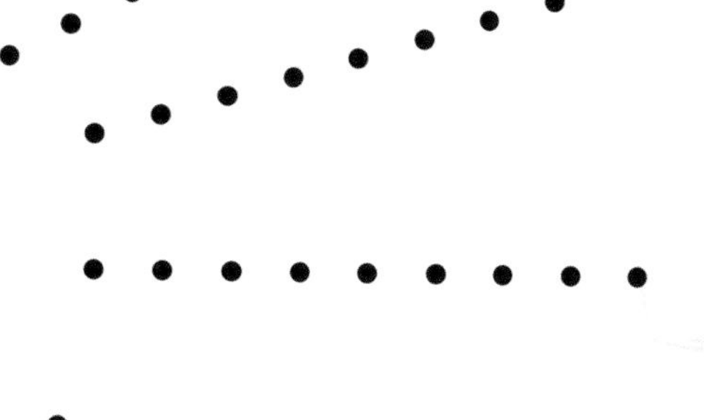

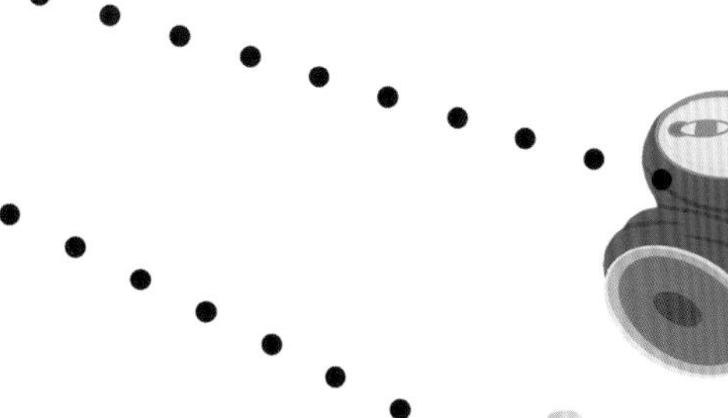

废塑料

矿泉水瓶、洗发水瓶、外卖餐盒、保鲜膜这些常见的塑料垃圾其实是“塑料班级”里的不同成员。经过破碎、清洗、漂筛、熔融、造粒等流程，它们“变身”成为新的塑料产品。外卖餐盒“变身”为自行车挡泥板；原材料是聚酯塑料的矿泉水瓶，经过加工成为聚酯纤维，也就是人们常说的“涤纶”，就可以制成一件新衣服啦！

废玻璃

废旧的玻璃制品通过粉碎、清洁、色选、熔融、冷却等过程“回炉重造”，制成新的玻璃制品。有些废玻璃经过艺术家之手被打造成工艺美术品或装饰品。

废金属

金属在日常生活中的应用非常广泛，小到铝罐铜线，大到建筑钢材。但地球上的金属矿产不是取之不尽、用之不竭的，因此，废旧金属经过熔炼等工艺，成为新的金属制品，避免了对资源的过度开采。（到“垃圾金字塔”中了解废金属回收对资源及环境的积极影响吧！）

废旧织物

质量较好的旧织物经过严格的清洗、消毒后可实现重复使用；对于质量较差的织物则可以通过分拣、开松、纺丝、织造等流程实现材料的循环，再造成为新的织物。想想看，你的旧衣服有什么新用途吗？

塑料瓶的变身之旅

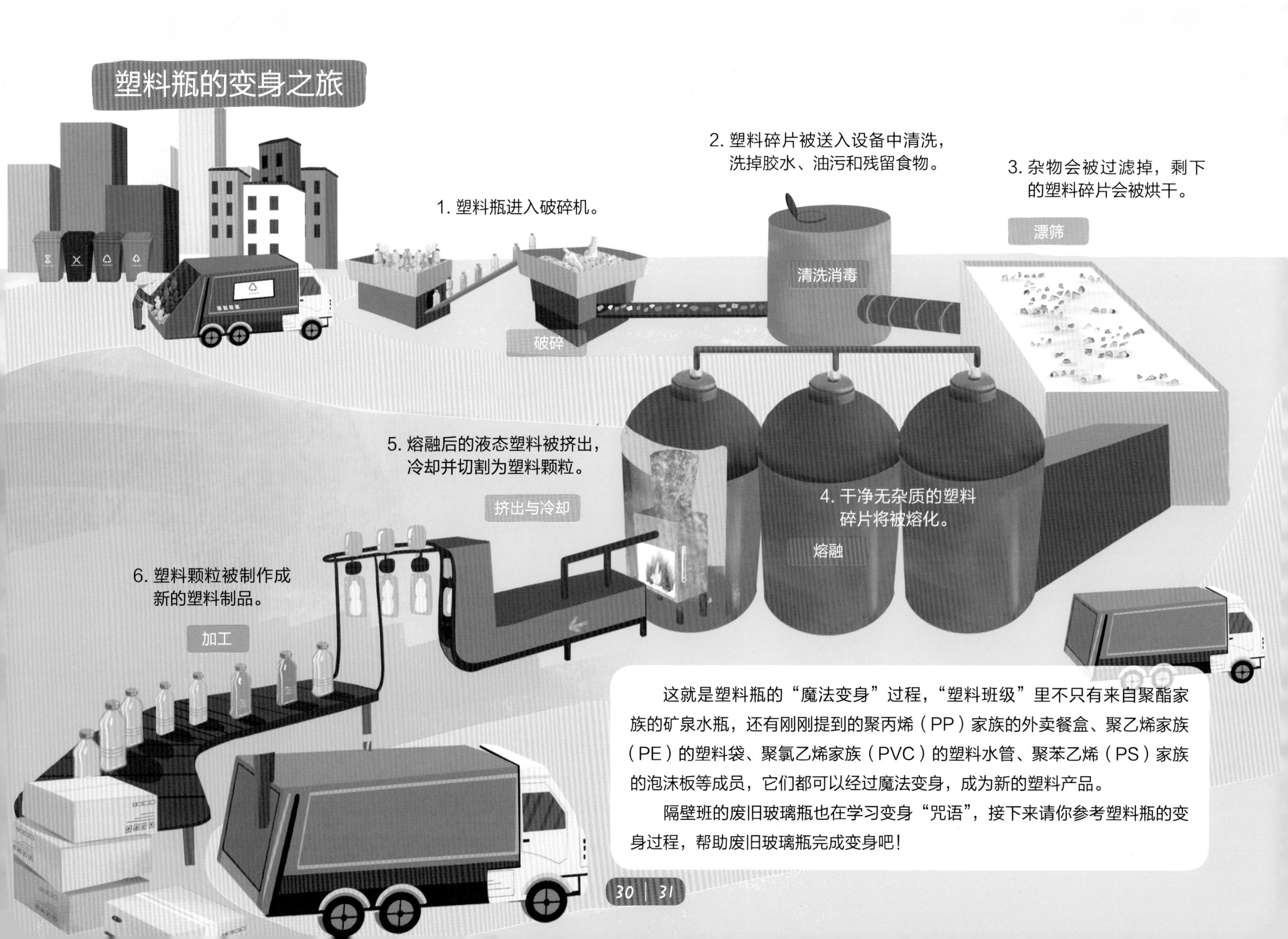

1. 塑料瓶进入破碎机。
破碎
2. 塑料碎片被送入设备中清洗，洗掉胶水、油污和残留食物。
清洗消毒
3. 杂物会被过滤掉，剩下的塑料碎片会被烘干。
漂筛
4. 干净无杂质的塑料碎片将被熔化。
熔融
5. 熔融后的液态塑料被挤出，冷却并切割为塑料颗粒。
挤出与冷却
6. 塑料颗粒被制作成新的塑料制品。
加工

这就是塑料瓶的“魔法变身”过程，“塑料班级”里不只有来自聚酯家族的矿泉水瓶，还有刚刚提到的聚丙烯（PP）家族的外卖餐盒、聚乙烯家族（PE）的塑料袋、聚氯乙烯家族（PVC）的塑料水管、聚苯乙烯（PS）家族的泡沫板等成员，它们都可以经过魔法变身，成为新的塑料产品。

隔壁班的废旧玻璃瓶也在学习变身“咒语”，接下来请你参考塑料瓶的变身过程，帮助废旧玻璃瓶完成变身吧！

玻璃瓶的变身之旅

在每个步骤前的橙色圆框内填入序号

分类：通过光谱分选出不同颜色的玻璃颗粒，完成玻璃颗粒分类。

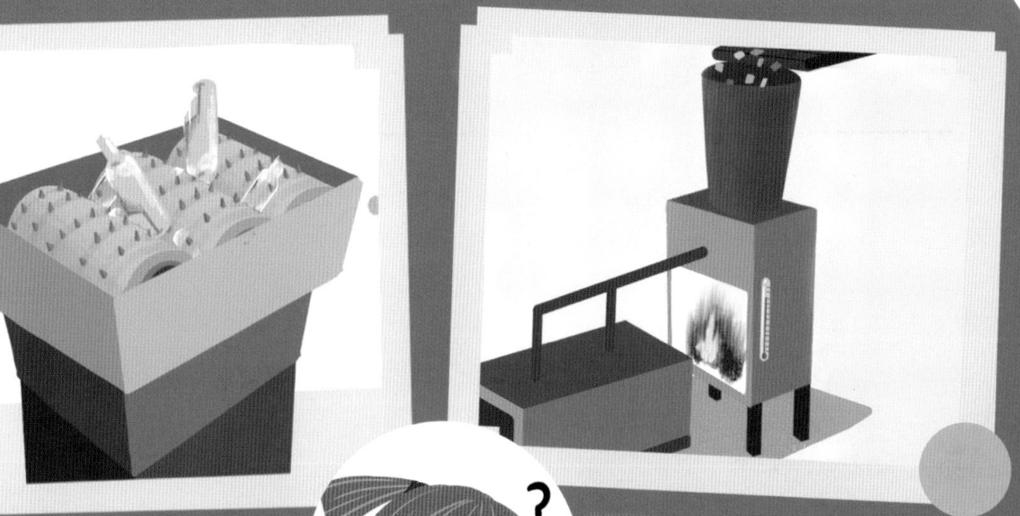

破碎：废旧玻璃瓶进入破碎机，变成了玻璃颗粒。

熔融：玻璃颗粒被送进熔炉熔化。

谢谢你帮助玻璃瓶完成变身！还记得吗？废纸、废塑料、废旧织物、废旧金属及废旧玻璃等被回收完成“魔法变身”，是因为你把它们投进了正确的垃圾桶，按下了开启魔法的按钮。

除了可回收物，生活中还有哪些垃圾是可以回收利用的，回收利用这些垃圾对我们的生活有什么好处呢？（到“发光的垃圾”中寻找答案吧！）

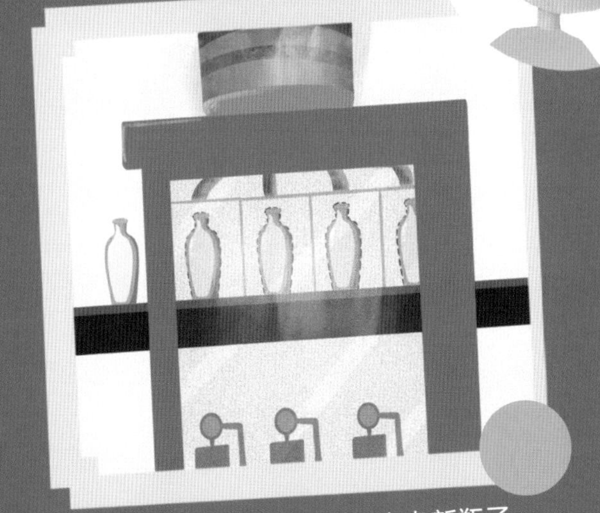

冷却：倒进模具，冷却定型变身新瓶子。

回收：玻璃瓶从可回收物中被分拣出来。

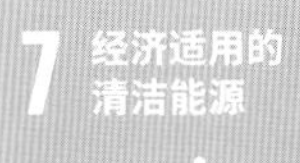

完善的能源系统为人类的生产和生活提供支持。但是2019年，仍有超过7亿人，即世界人口的1/10，无法使用电力。

发光的垃圾

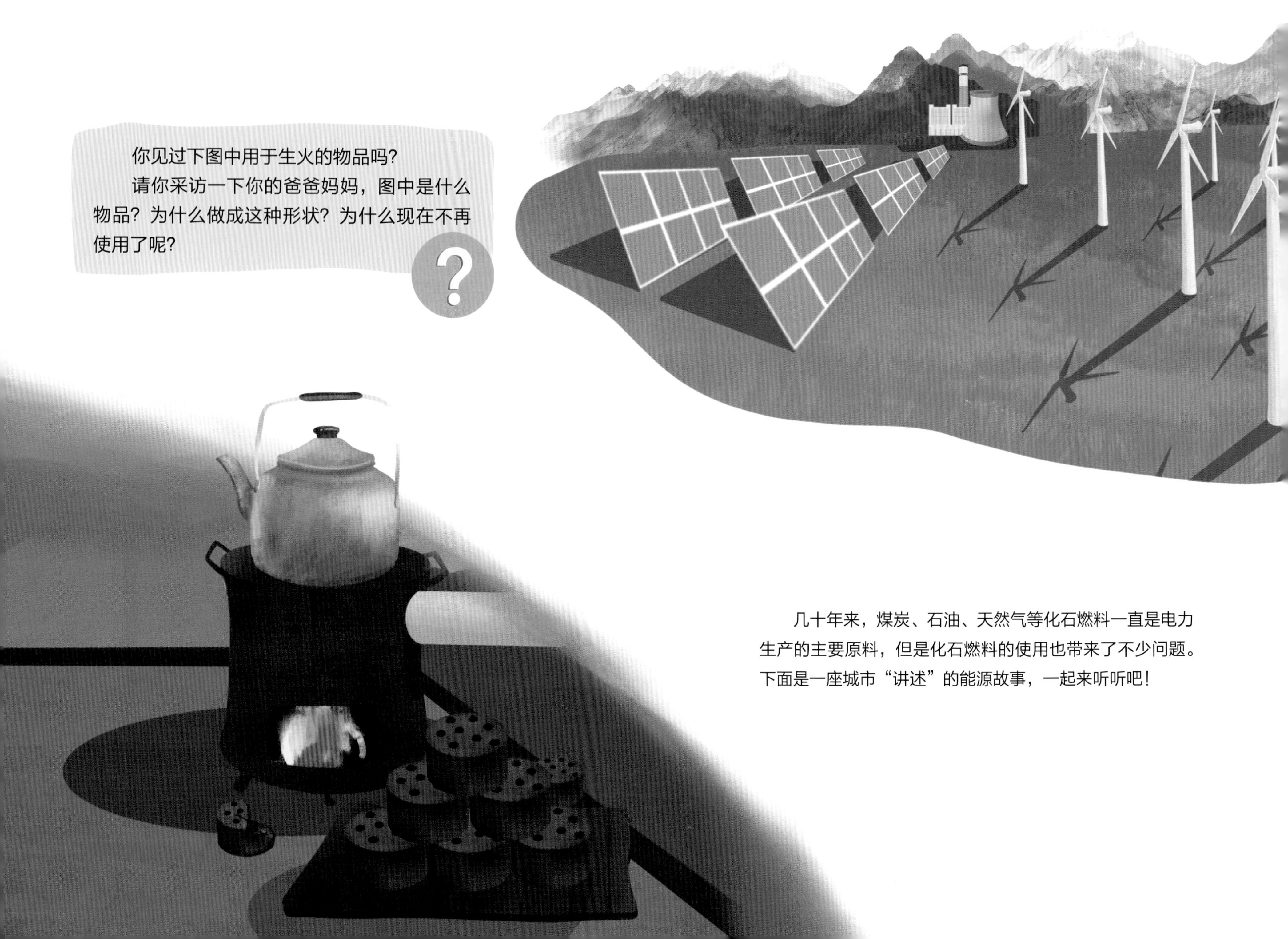

你见过下图中用于生火的物品吗？

请你采访一下你的爸爸妈妈，图中是什么物品？为什么做成这种形状？为什么现在不再使用了呢？

几十年来，煤炭、石油、天然气等化石燃料一直是电力生产的主要原料，但是化石燃料的使用也带来了不少问题。下面是一座城市“讲述”的能源故事，一起来听听吧！

我是一座海滨城市，地下有煤炭和天然气，海底有石油。长久以来，居民们一直通过开采和燃烧这些化石燃料来获得生产、生活需要的电力和热能。但随着生活在这里的居民越来越多，经济发展的脚步也在加快，他们对化石燃料的需求也越来越大。慢慢地，我开始不堪重负，而且我发现这些行为给环境带来了很大的危害。
燃烧化石燃料产生的二氧化碳导致了全球 72% 的温室气体排放，是引发气候变化的最主要的原因。
如果对气体排放管理不当，产生的二氧化硫排放到空气中，形成有腐蚀性的酸雨，会破坏土壤和水体，还会损坏建筑设施。
化石燃料深埋于地下，它们的形成经过了漫长的岁月和复杂的变化。人类对它们的开发却很频繁，我的身体将很快被掏空。
燃烧煤炭和石油会产生大量的氮氧化物和颗粒物，这些物质会对呼吸系统造成危害，影响人类健康。

在为环境污染和能源匮乏一筹莫展之际，我突然发现，焚烧人们每天产生的“其他垃圾”（到“垃圾金字塔”中了解生活垃圾的种类）竟然也可以发电！

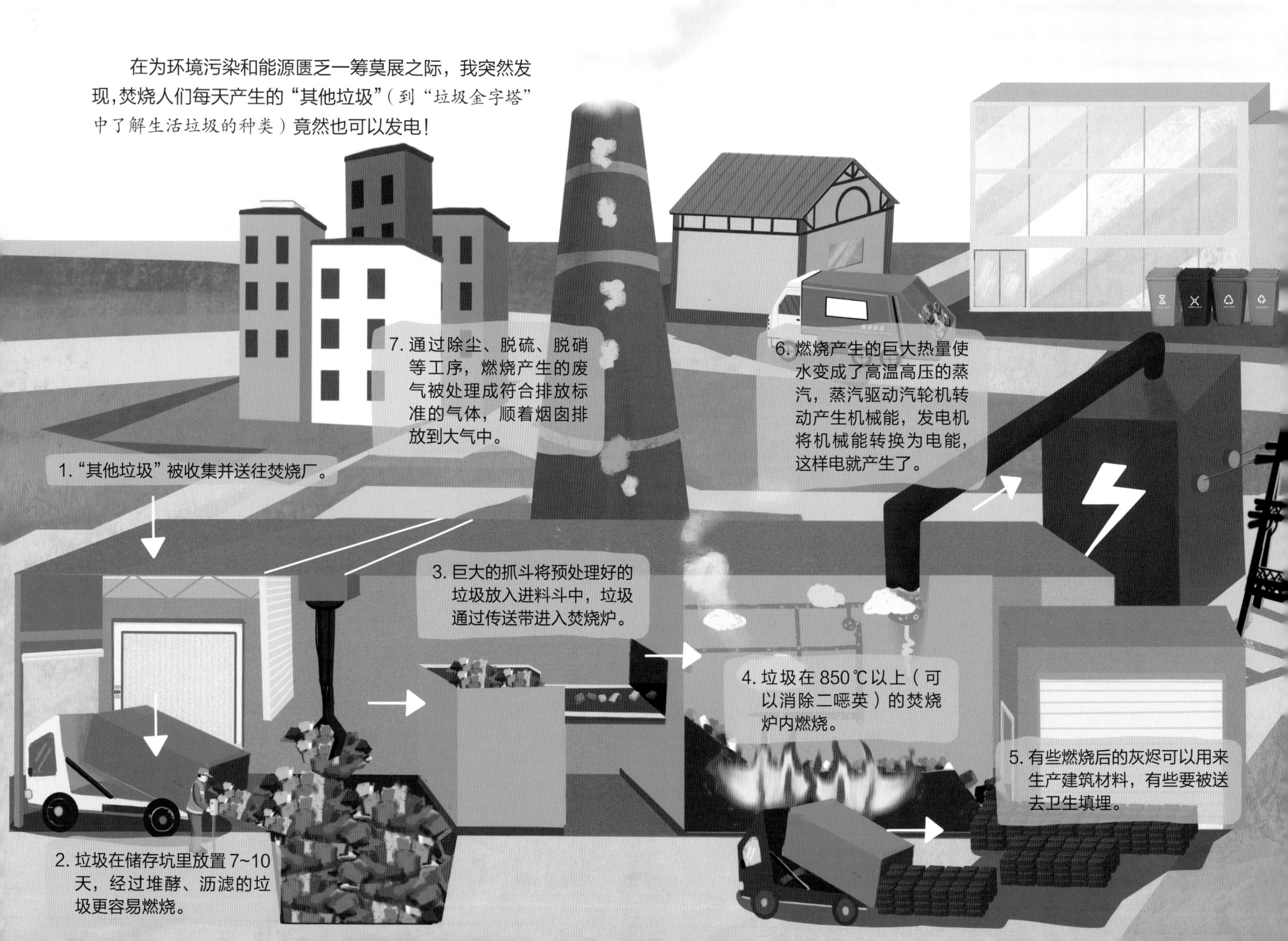

与你互动

除了“其他垃圾”，每天还有很多厨余垃圾产生。我听隔壁的城市说，它们可以作为沼气发电的原料。请你化身工程师，为右边的步骤排序，设计一套沼气发电流程吧！

有时候，人们会在沼泽地、污水沟或粪池里看到气泡，如果划着火柴就可以把它点燃，这就是自然界里产生的沼气。沼气是有机物通过厌氧微生物的生物化学反应产生的可燃性气体。沼气的主要成分是甲烷，特性和家里使用的天然气类似，是一种清洁的可再生能源。

反应产生的气体经提纯后，被收集到储气罐中，用于发电。

垃圾经过粉碎、筛分、混合等预处理，进入发酵罐。

厨余垃圾、残枝落叶及动物粪便等有机垃圾被收集起来运输到沼气发电厂。

通过不断地搅拌，预处理后的垃圾与微生物在发酵罐中充分接触，发生反应，产生气体。

除了利用垃圾产生能源，我发现，大自然还通过其他方式赠予了我丰富的能源，比如水能、风能、太阳能等。

你一定听过三峡大坝吧！

它是当今世界上最大的水力发电工程。2020 年，三峡大坝发电量达到了 1118 亿千瓦时，约等于 2020 年北京一年的用电量。

与煤炭、石油等化石能源相比，可再生能源对环境更加友好，也更可持续。我希望，人们可以运用他们的智慧，不但让我摆脱能源匮乏的困扰，也能让我变得更加干净、美丽。

水力发电原理示意图

在尽量少影响生态环境的前提下，利用水位落差，驱动水轮机转动，从而驱动发电机将机械能变成电能。

风力发电原理示意图

利用风能驱动叶片转动，从而带动发电机组产生电能。

太阳能光伏发电原理示意图

太阳能光伏发电是通过阳光照射在光伏板上，产生电子的跳跃，从而形成电流，产生电能。

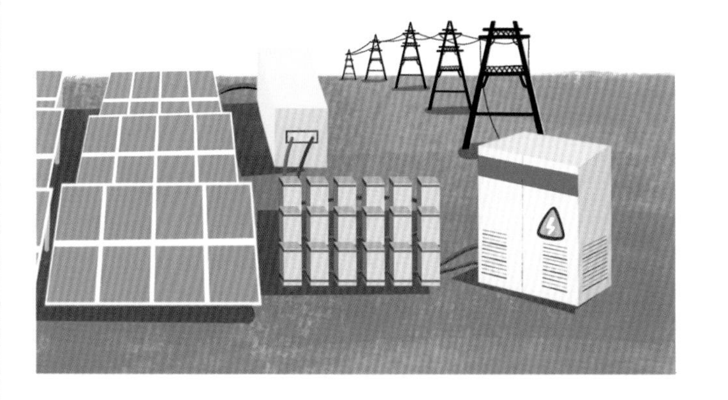

那天，我收到了我的老朋友——德国维尔德波尔茨里德村的来信，它说它在阿尔卑斯山附近一切都好。而且，最近村民们充分利用太阳能、风能、水能，以及地热能和生物质能，让村子的发电量超过了自身需要的 3 倍。每到冬天，还利用木质颗粒燃料向全村供暖，使家家户户温暖如春。除了生产绿色能源，村民还对房顶进行了特殊的隔热处理、改用节能路灯、在大部分房屋里安装高能热泵，坚持节约能源、降低能耗。看到这里，我已经有一肚子问题想问了！大家为什么要这样做呢？

据我所知，德国是工业十分发达的国家，也一直是传统能源的消费大国。但是为了减少对传统化石能源的依赖，以及温室气体的排放，从 2010 年起，德国就开始了漫长而坚定的“能源转型”之旅，希望在不影响经济增长的情况下，通过提高能效、开发利用可再生能源等手段，实现传统能源向清洁能源的过渡。

经过 10 年的努力，在保持国内生产总值（GDP）的增长和制造业的竞争力的同时，2020 年的第一季度，德国已经有 54.8% 的电力供应来自可再生能源。

那么，德国是如何进行能源转型的呢？

制订明确的目标

为了应对气候变化（到“绿色的脚印”中了解更多），德国通过了《气候保护法》，提出到 2030 年时应实现温室气体排放较 1990 年至少减少 55%，到 2050 年应实现净零排放的目标。能源转型是实现这个目标的关键。随着能源结构的变化与国家的发展，德国也在不断调整目标——现在已经把实现温室气体净零排放的截止时间提前到 2045 年了！

德国于 2000 年颁布《可再生能源法》，通过税收优惠、价格补贴等鼓励政策，促进风能、太阳能、地热能、生物质能等可再生能源的基础设施建设和发展。

改革电力市场

为了打破传统能源市场的高度垄断，1998 年，德国开启了电力市场化的改革之路，使可再生能源更容易交易，从而获得更广阔的市场。

提高能效

为了提高能源使用与转化效率，德国制订了《国家能效行动计划》，计划涵盖提高建筑物的节能标准、发展新能源汽车、为工业领域中的节能企业减税、鼓励研发先进的智能电网与储能技术等内容。

开展试点工作

除了推进城市及主要产业的能源转型，德国还把乡村作为能源转型的另一个重点区域，鼓励乡村根据自身的情况选择不同的方式。而我的老朋友维尔德波尔茨里德村，还因此当选了模范可再生能源村，变成了“名人”！

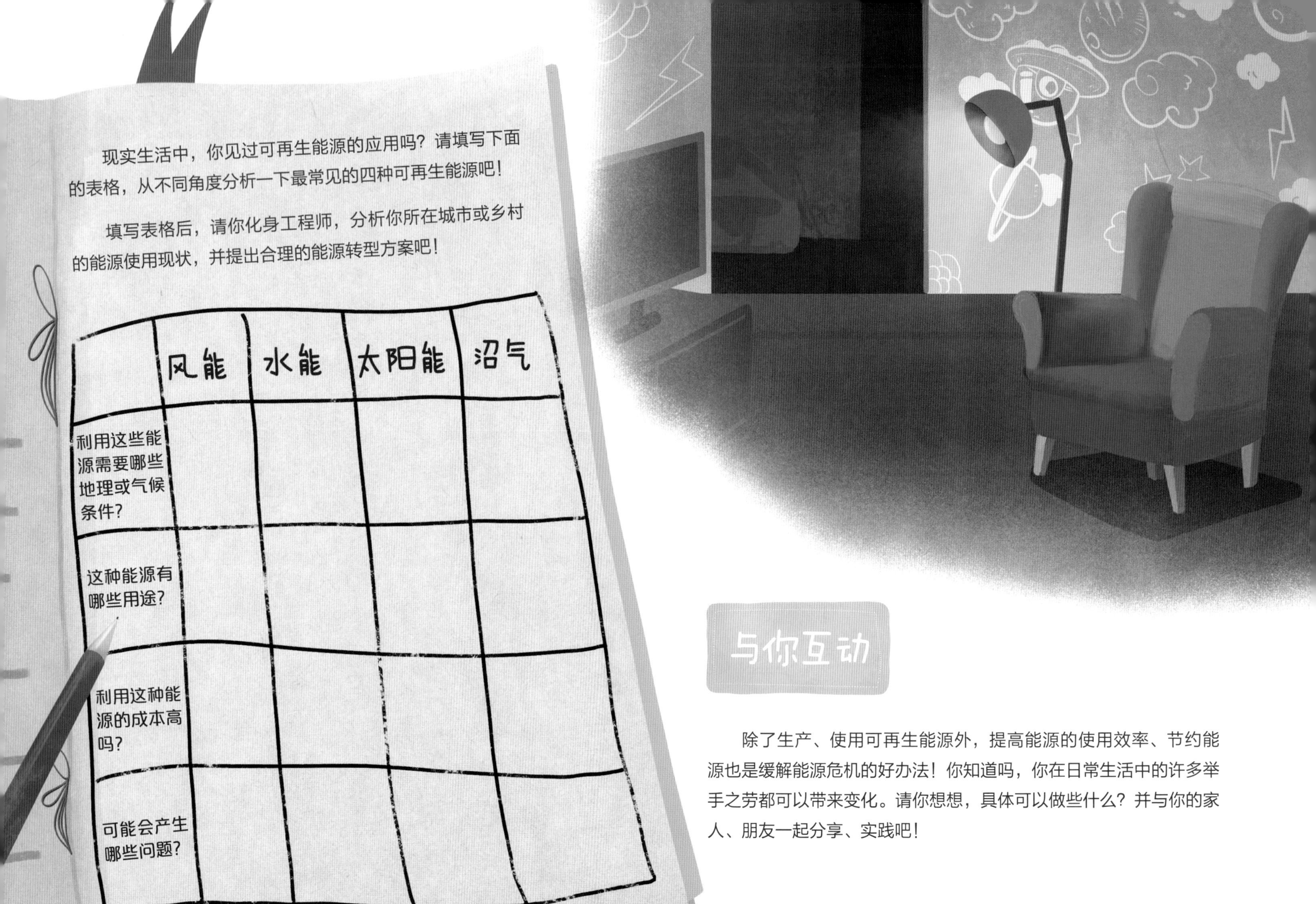

现实生活中，你见过可再生能源的应用吗？请填写下面的表格，从不同角度分析一下最常见的四种可再生能源吧！

填写表格后，请你化身工程师，分析你所在城市或乡村的能源使用现状，并提出合理的能源转型方案吧！

	风能	水能	太阳能	沼气
利用这些能源需要哪些地理或气候条件？				
这种能源有哪些用途？				
利用这种能源的成本高吗？				
可能会产生哪些问题？				

与你互动

除了生产、使用可再生能源外，提高能源的使用效率、节约能源也是缓解能源危机的好办法！你知道吗，你在日常生活中的许多举手之劳都可以带来变化。请你想想，具体可以做些什么？并与你的家人、朋友一起分享、实践吧！

转“危”为安

3 良好
健康与福祉

确保健康的生活方式、提升各年龄段人群的福祉对社会大家庭的繁荣稳定影响重大。提高医疗服务水平、减少流行病危害有助于挽救更多人的生命。除此之外，环境卫生条件的改善对公众健康也十分重要。

你注意过小区里的“有害垃圾”桶吗？你知道下面这些物品中，哪些属于“有害垃圾”吗？

下面来公布结果吧。

只有石膏、中药残渣、废 5 号 /7 号电池不是有害垃圾。

你是否会奇怪，为什么 5 号 /7 号电池不是有害垃圾，而纽扣电池却是呢？ 5 号 /7 号电池属于碱性电池，现在常用的碱性电池的生产已经做到了无汞、无镉、无铅等有害物质；而废纽扣电池因含有汞、锰等重金属成分，若处置不当发生泄漏，不仅会严重污染生态环境，也会威胁生物健康。

有害垃圾

“有害垃圾”是一个大家族，是指生活垃圾中的有毒有害物质，如不正确进行分类投放和处理处置，可能会对人体健康或自然环境产生直接或潜在危害，有害垃圾主要包括：

废电池（如镍镉电池、氧化汞电池、铅蓄电池等）
废荧光灯管
废水银温度计
废水银血压计
废药品及其包装物
废油漆、溶剂及其包装物
废杀虫剂、消毒剂及其包装物
废胶片和废相纸等

只有将它们投放到专门的“有害垃圾”桶中，才能让它们得到安全、妥善的处置哦！

除了常见的生活垃圾中的有毒有害物质，人们身边还存在着有害垃圾的“近亲”——危险废物。它的族群更加庞大、危害也更严重深远。让我们一起揭开危险废物的“黑色面纱”吧！

危险废物的五大特性

危险废物是指列入《国家危险废物名录》或根据国家规定的危险废物鉴别标准和鉴别方法认定的具有腐蚀性、毒性、易燃性、反应性或感染性等一种或几种危险特性的固体废物。

腐蚀性

如工厂产生的废酸、废碱，不经处理直接排放会损坏管道、容器，引发泄漏，若接触到机体，可能会造成化学性烧伤。

易燃性

如废矿物油、废有机溶剂或者在石油开采精炼过程中产生的油泥等，都是具有易燃性的废物。

毒　性

有毒性的危险废物与机体接触或进入体内的易感部位后，能引起损害作用。垃圾焚烧产生的飞灰中容易富集二噁英、重金属等有害物质。二噁英是一类剧毒化学物质，会损害免疫系统，干扰内分泌，甚至会导致癌症。

反应性

具有爆炸性、与水或酸接触产生易燃或有毒气体，都是具有反应性的表现。实验室废液就是典型的例子，它往往是重金属、有机物、废酸废碱等的混合物，容易发生反应。

感染性

医疗废物，如针头、注射器、带血的纱布等，可能携带病原微生物，如果处理不当，能引发感染性疾病的传播。

危险废物的威胁

日本水俣病事件

20 世纪 50 年代，日本熊本县水俣湾一带出现了一批患者，他们的病症以感觉障碍、向心性视野缩小、听力减退为主。罪魁祸首是当地两家工厂向水俣湾排放的含甲基汞的废水。甲基汞经鱼、贝类富集到人体内，引起当地居民中毒。受害者逾万人，是人类历史上最沉痛的生态灾难之一。

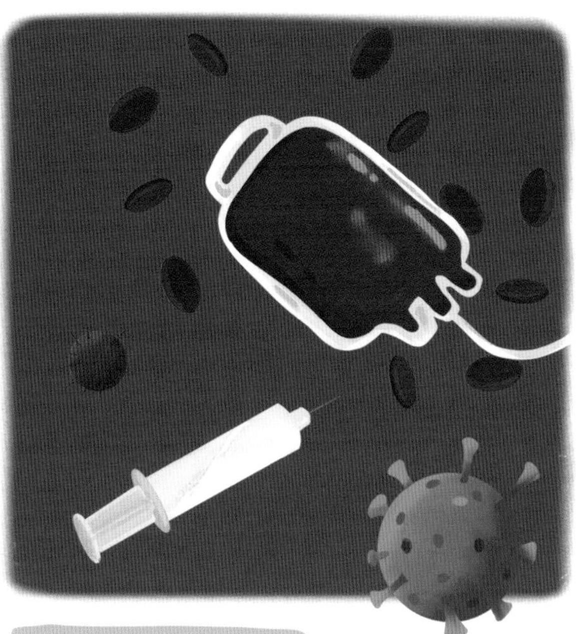

匈牙利赤泥危机

在氧化铝的生产过程中，会产生一种可怕的“怪兽”，它叫做“赤泥”。它含有重金属及大量化学物质，具有极强的腐蚀性和放射性，是名副其实的危险废物。2010 年 10 月 4 日，在轰的一声巨响后，匈牙利的一家赤泥库突然发生溃坝，释放出百万立方米的“怪兽”，它们涌入村庄造成了人员伤亡，进入河流破坏了水生态，渗入土壤使得土地至今无法耕种。

医疗废物引发的感染

为避免一次性注射器械的重复使用，世界各国已经付出了很大的努力，但在 2010 年，不安全注射仍然造成多达 33800 例艾滋病病毒感染，170 万例乙型肝炎病毒感染和 31.5 万例丙型肝炎病毒感染。

在美国，平均每年有 162~321 人因接触医疗废物感染乙肝病毒。小朋友，如果你家里也碰巧产生了一些注射器、纱布等医用垃圾，记得要把它们丢进“有害垃圾”桶中哦！

降低危险废物的危害，世界在行动

国际社会的措施

《控制危险废物越境转移及其处置巴塞尔公约》是一项控制危险废物越境转移的国际公约。至 2021 年，共 188 个缔约国和组织签署了这份公约。公约的主要目标在于减少有害废物的产生、越境转移和它造成的环境污染。（到“巴塞尔号角”中了解更多吧！）

欧盟的《危险废物指令》（91/689/EEC）对危险废物的管理、再利用和清除做出了法律规定。指令详细定义了危险废物的 14 种特性，根据危害特性的风险程度和危险物质的含量等，将危险废物划定了不同等级，并对不同等级的危险废物采取区别化的管理措施。

在德国，危险废物的收集、运输和处理过程采用“六联单”制度，每种危险废物的每一次处理都产生转运联单：产生者两联、运输者一联、处理者一联、环保部门两联，各个环节和角色都需要对联单进行签收。采用数字化系统进行危险废物联单的数据录入和统计管理。

中国的措施

中国对危险废物管理的法规体系在不断完善，基本建立了危险废物全过程管理制度。2017 年，中国总共产生了 6937 万吨危险废物，并且这个数字还在逐年增长。其中，58% 的危险废物得到了综合利用。

来看看中国的危险废物管理需要遵循哪些制度和要求吧！

产生环节 → 贮存环节 → 运输环节 → 利用处置

危险废物名录制度	危险废物鉴别和标识制度	管理计划和申报登记制度	转运联单制度
经营情况记录与报告制度	事故报告制度	应急预案制度	经营许可证制度

危险废物的处理过程

在产生端，根据危险废物的类型、形态、危险特性等，将它们分类收集在不同容器中，并设置相应的标识和标签。

分类

不同渠道的危险废物被运输到转运中心，经实验室分析后，被分类或合并。

热处理

一部分危险废物可以通过焚烧的方式进行无害化处理，并能以蒸汽和电力的形式回收部分能源。

物理化学处理

对于废酸废碱、有机废液等危险废物，利用氧化还原、酸碱中和等化学方法，或物理方法分离，降低其危害性。

部分材料的回收

一些富含有价值材料的危险废物，经过熔炼、提纯等工艺，可以对其进行资源化利用。

危险废物的安全填埋

无法被利用的危险废物，如焚烧飞灰和残渣等，经过固化稳定化处理，避免了有害物质浸出，在特定的填埋场进行安全填埋。

与你互动

根据前面学到的知识，请你和你的小伙伴一起做一天的社区小志愿者，帮助小区居民做好垃圾分类吧。

控制和规范处置危险废物是保障人类健康的众多措施之一。为了让更多人过上健康的生活，人类付出了巨大的努力。在对抗疾病方面，疫苗的发明和使用帮助人类抵御了不少疾病。2000 年以来，麻疹疫苗使大约 1560 万人转危为安。许多国家免费为新生儿童接种一系列疫苗。

有些疫苗是必须接种的，你一定记得自己打疫苗的经历，去找爸爸妈妈看看你的疫苗接种本吧，查一查接种过哪些疫苗，它们能预防哪些疾病，其他国家小朋友也要打和你相同的疫苗吗？

尽管获得清洁饮用水和卫生设施的机会已大大增加，但全世界仍有 1/3 人口无法获得安全饮用水，2/5 人口缺乏基本的洗手设施。

小丑河的变身

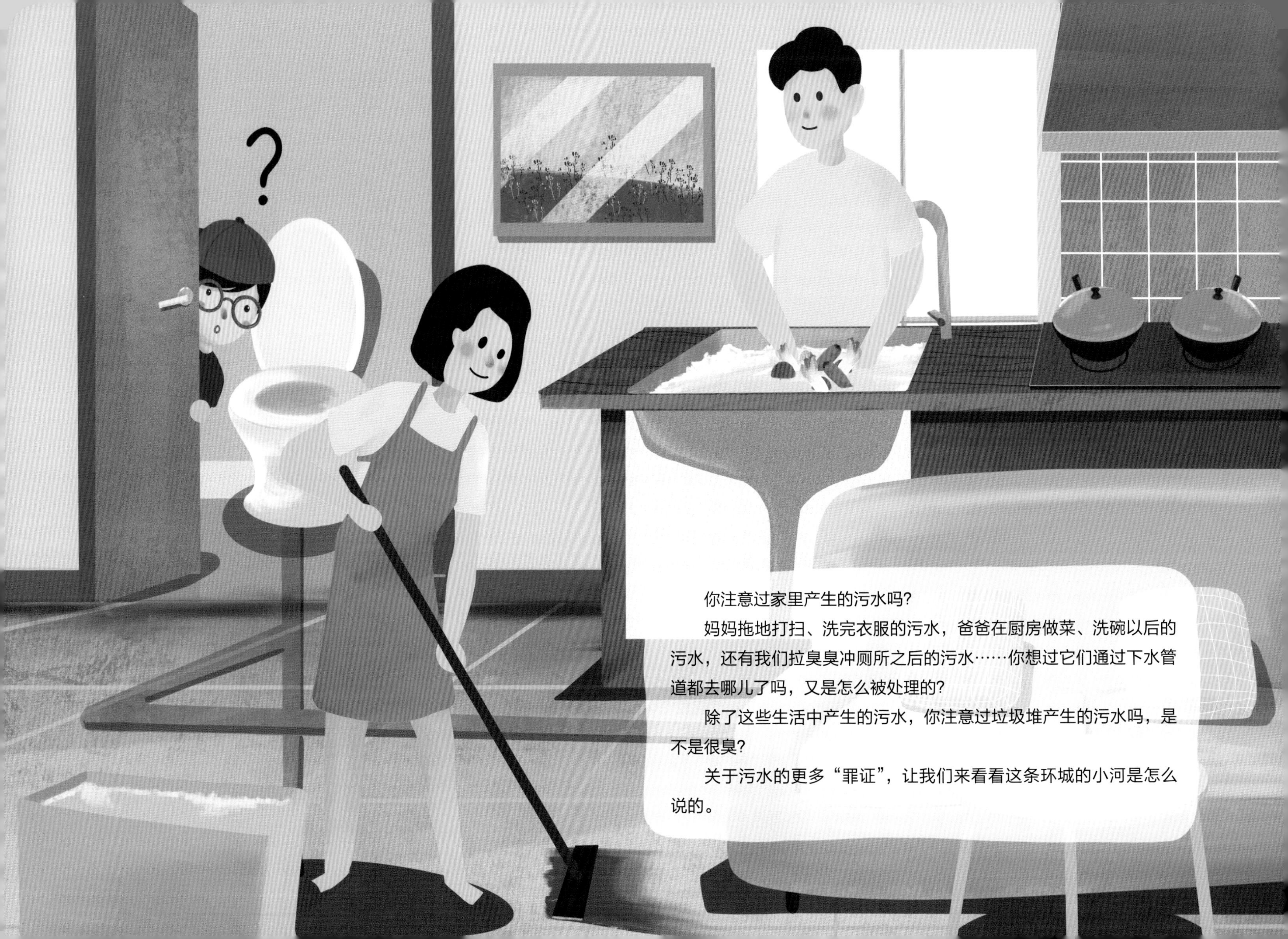

你注意过家里产生的污水吗?

妈妈拖地打扫、洗完衣服的污水，爸爸在厨房做菜、洗碗以后的污水，还有我们拉臭臭冲厕所之后的污水……你想过它们通过下水管道都去哪儿了吗，又是怎么被处理的?

除了这些生活中产生的污水，你注意过垃圾堆产生的污水吗，是不是很臭?

关于污水的更多“罪证”，让我们来看看这条环城的小河是怎么说的。

我是一条围绕城市流淌的小河，早些年人们常从我这里取水做饭、洗衣，还常在河边聚会、聊天，好不热闹。

不知从什么时候起，家庭、餐馆、农田和工厂等地产生的污水，有些不经处理或处理不达标就排放到我这里。还有人们乱扔的垃圾，也随着雨雪流到了我这里。

我身边经年累月堆放着垃圾，垃圾产生的渗滤液使土壤成分、结构和微生物发生变化，还破坏了植被，也破坏了我的生态平衡。除了垃圾渗滤液，工业废水中的有毒有害物质也严重地伤害了我。

我为此惆怅了很久很久……

终于有一天，我重展笑颜。城市里开展了河流生态治理工程，我大变样了！

知识链接：垃圾渗滤液的成分相当复杂，含有高浓度有机物、重金属等，不仅会污染土壤及地表水，还会对地下水造成污染。

“小丑河”并不是河流生态破坏的唯一受害者。19世纪中后期，英国的泰晤士河遭受了非常严重的工业污水污染。20 世纪 70 年代，流经德国重工业区的莱茵河也因工业污水的排入达到了污染顶峰。美国的芝加哥河、特拉华河等河流也曾因为遭到严重污染，常年黑臭……

全球都意识到了河流生态保护的重要性，很多国家根据自身国情，采取不同的措施将“小丑河”变成了“美丽河”。相信你一定也很为它高兴吧。为它开心的同时，你心里是不是又有了一个小小的疑问呢，“小丑河”是怎么变美的呢，那些污水去哪里了呢?

下面让我们去一探究竟吧!

“小丑河”变美了是因为开展了河流生态治理，简单来说就是做好了“预防、治理、管理”工作。

预防

减少污水排入，根据前面“小丑河”的自述，我们了解到，污染它的主要原因是工业污水、农业污水和生活污水的肆意排放。

农业污水

科学施肥（还可以使用厨余垃圾制造的有机肥）、合理使用农药可以大大减少农田中残留的化肥和农药。进而减少农田径流中含氮、磷等的有机物和农药等化学品。

生活污水

完善市政污水收集与循环系统，分流雨水和污水，保证污水处理能力达标。

建设垃圾收集设施，减少生活垃圾零散堆放，从而控制垃圾渗滤液的产生。

工业污水

改进工厂生产技术，施行清洁生产，在减少污水排放的同时利用循环水。

治理

通过建立污水处理厂、对河道进行清淤、采用生态净化技术等方式，使被污染的水得到净化。

对河岸进行绿化改造，增强水体自净能力，恢复其自然状态；彻底清除沿岸及河中垃圾，保持河道清洁。

对于已经产生了的工业污水，应先在厂区内净化处理，达到污水厂进水水质标准后，可与城市污水共同处理。处理后的水可用于城市绿化灌溉、车辆冲洗、卫生间清洁等用途。

清理河道中的脏臭淤泥，通常通过两种技术实现：一种是抽干河水后清淤；另一种是用挖泥船直接从水中清除淤泥。后者的应用范围较广。

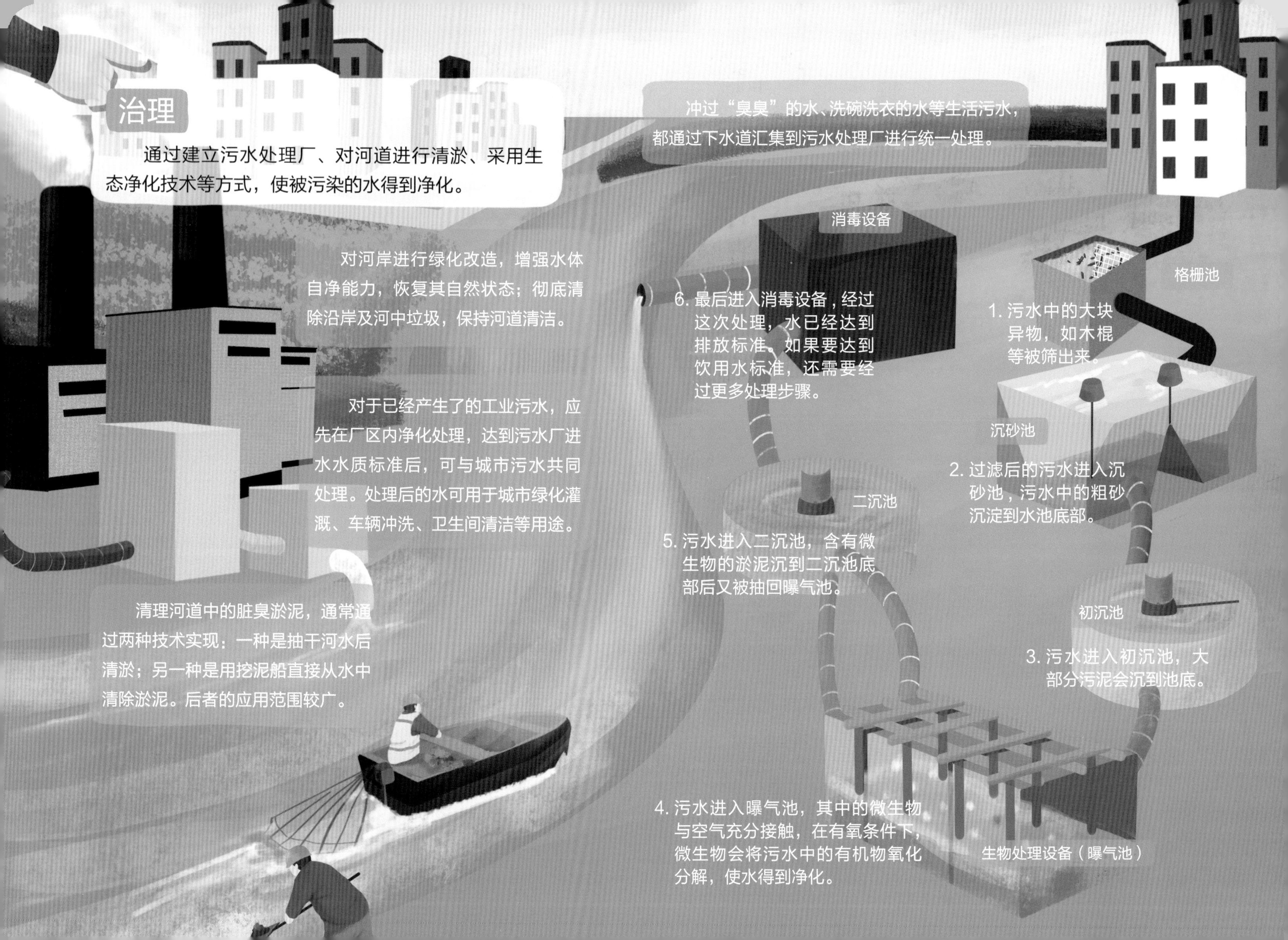

冲过“臭臭”的水、洗碗洗衣的水等生活污水，都通过下水道汇集到污水处理厂进行统一处理。

格栅池
1. 污水中的大块异物，如木棍等被筛出来。
沉砂池
2. 过滤后的污水进入沉砂池，污水中的粗砂沉淀到水池底部。
初沉池
3. 污水进入初沉池，大部分污泥会沉到池底。
生物处理设备（曝气池）
4. 污水进入曝气池，其中的微生物与空气充分接触，在有氧条件下，微生物会将污水中的有机物氧化分解，使水得到净化。
二沉池
5. 污水进入二沉池，含有微生物的淤泥沉到二沉池底部后又被抽回曝气池。
消毒设备
6. 最后进入消毒设备，经过这次处理，水已经达到排放标准。如果要达到饮用水标准，还需要经过更多处理步骤。

管理

国家管理部门制定相关法规和政策，在加强法制建设的同时，积极进行宣传教育。

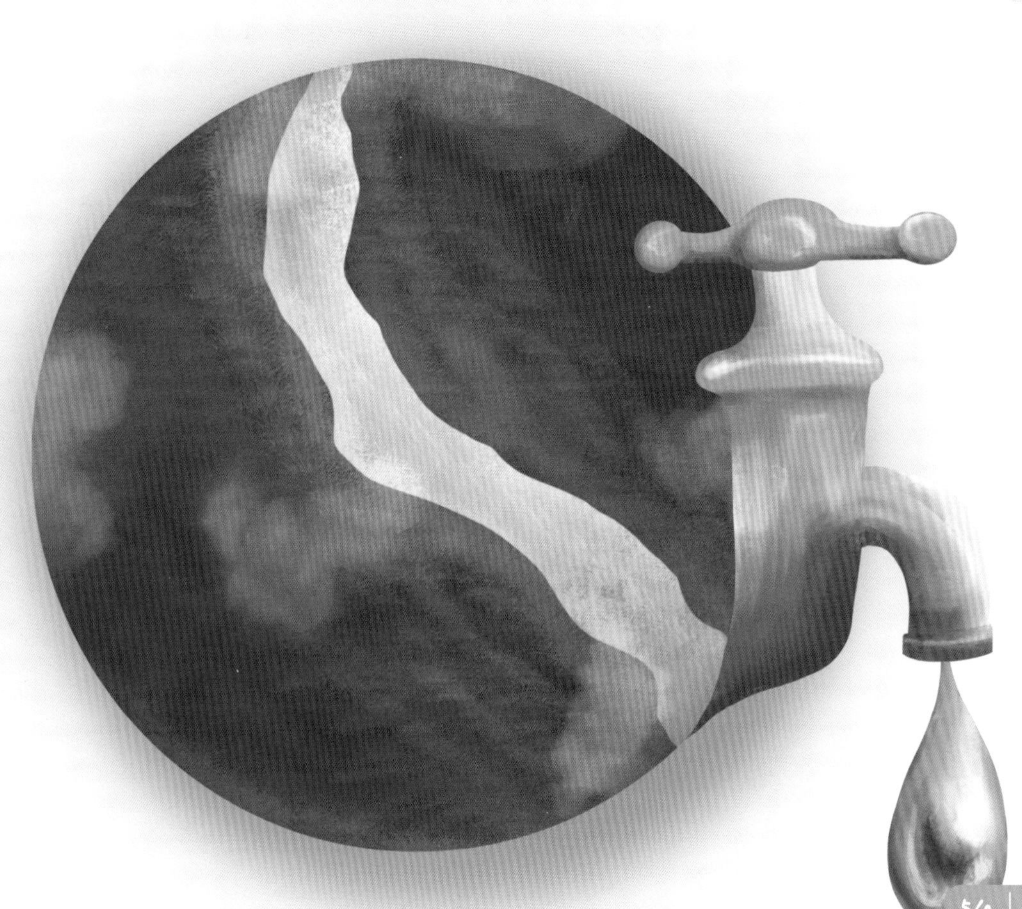

加强法制建设

依法依规对污染源、水处理设施进行监测，对污水处理厂进行监督。对水体（河流、湖泊等）环境质量进行定期监测，还可以预警污染的发生。

从自身做起

保护水资源：不要随意扔垃圾，避免垃圾进入水体；不要在水库中游泳，等等。

节约水资源：随手关闭水龙头，用洗菜的水浇花，等等。

带动身边的小伙伴，把环保意识传递给你的家人朋友们。

预防、治理、管理“三管齐下”才能让“小丑河”变美，也能避免更多的河流变成“小丑河”，三者缺一不可。同样，保护河流生态系统也需要我们每个人的实际行动，从小事做起，每个人的一小步就是整个人类的一大步。

与你互动

其实在家也可以把咱们日常产生的污水变干净哦。请爸爸妈妈帮助你，参考右边的步骤在家里制作一个简易的净水装置吧！

1. 将塑料瓶倒置，在爸爸妈妈的帮助下剪掉瓶子底部。
2. 取下瓶盖并扎出大小均匀的小孔后，拧紧瓶盖。（注意：必须有父母在场。）
3. 在接近瓶口的位置垫上一层海绵，接下来，按顺序铺活性炭、沙子、鹅卵石。
4. 将塑料瓶固定在空杯子上。
5. 倒入浑浊的水，静置一段时间，观察从瓶口流出的水。

绿色的脚印

13 气候行动

在全球变暖的大背景下，极端天气事件变得更加频繁，气候也正在发生改变，海平面不断上升，这影响着地球上的每个生命。

现在的夏天越来越热了，孩子们常窝在家里，直到太阳落山才去户外玩耍一会儿。而这个时候，可爱的动物朋友往往比人类更加不好过。

全球变暖令海冰不断融化，平均海平面上升，北极海冰和积雪范围缩小。这给生活在极地的北极熊、企鹅带来了灾难，有科学家认为假如全球持续变暖，帝企鹅可能会走向灭绝。

这时候，你一定想问，为什么地球上的气候会发生这么大的变化呢？

温室效应实验

全球变暖是温室效应不断增强导致的。那你知道，什么是温室效应吗，它是由什么引发的呢？

下面我们就来做个小实验，一探究竟！

玻璃瓶　电灯泡　温度计

制备二氧化碳所需材料：小苏打和食醋

实验步骤

首先，请准备两个大小一样的玻璃瓶、一个电灯泡和两支温度计。

接下来，用玻璃瓶分别收集一瓶空气和一瓶二氧化碳。

二氧化碳的制备与收集：在玻璃瓶中加入小苏打和醋，搅拌，若混合物产生了很多气泡，那证明你成功制出二氧化碳啦！在瓶口点燃一根火柴，火柴熄灭则证明二氧化碳已经集满。（注意：这个过程一定要在家长的协助下完成。）

之后把温度计分别插入两个玻璃瓶中，拧紧瓶盖。待两个瓶子的初始温度相同，在距离玻璃瓶大约 8 厘米处打开电灯，每隔 5 分钟记录一次温度，你有什么发现吗？（注意：安全用电。）

没错，是不是明显看出装二氧化碳的瓶子内温度比装空气的瓶子内的温度高？这是因为二氧化碳能够吸收长波辐射（红外线），使温度升高。具有这种性质的气体还有甲烷、氧化亚氮、臭氧、六氟化硫等，它们就是“温室气体”。自然情况下，这些气体存在于大气中，就像地球的“保温层”，为地球保存一定的温度，这就是自然状态下的“温室效应”。

近年来，大量人为排放的温室气体使温室效应日益增强，以大气中含量最多的温室气体——二氧化碳为例，目前大气中二氧化碳的浓度处于历史最高水平。人为排放的二氧化碳占 3/4。不断增多的温室气体就像一层厚厚的玻璃，使地球的“温控系统”逐渐失灵……

你能想到这种“超自然”温室效应会对地球产生什么影响吗？请写到下面的空白处吧！

地球在“玻璃罩”的影响下，变得越来越“温暖”，这却成了自然环境和人类生存面临的一大“烫手”难题。

海平面上升

1901 年到 2019 年的 119 年间，气候变暖导致冰川融化，已经使海平面平均上升 20 厘米，预计到 2065 年，海平面较 1901 年将平均上升 24~30 厘米，到 2100 年，平均上升 40~63 厘米。

海平面的上升不仅会威胁众多岛屿和沿海地区人们的生存空间，还会导致土地盐碱化。

极端天气气候事件频发

联合国政府间气候变化专门委员会的一项评估报告指出，全球变暖导致一些地区暴雨、洪涝、干旱、台风、沙尘暴等极端天气气候事件频繁发生，而且强度增大。夏天温度越来越高，冬季的寒潮愈发猛烈。过去“几十年一遇”甚至“百年一遇”的极端天气气候事件，现在越来越常见，地球正变得“喜怒无常”。

影响粮食产量

当前世界粮食产量约为每年 28 亿吨，若损失 1 个百分点，则损失了 7000 万人的口粮，以粮食产量每年平均下降 4000 万吨计算，每年损失的就是 1 亿人的口粮。

二氧化碳等温室气体排放主要源于化石燃料的燃烧。2016 年全球排放了近 500 亿吨温室气体。在能源使用方面，工业、交通领域的温室气体排放量分别占总排放量的 24.2% 和 16.2%。废弃物（含污水及固体废物）排放的温室气体占到 3% 左右。

下面就来看几个跟日常生活较为贴近的温室气体排放源，以及不同行为方式对环境的影响吧！

交通出行："灰色"出行 vs "绿色"出行

以汽油、柴油为燃料的传统交通工具，尾气中含有二氧化碳、氧化亚氮等温室气体，排放量大且难以收集。

选择电力驱动的新能源车，减少尾气污染；选择步行、骑自行车等出行方式；少开私家车，多乘坐公共交通工具，减少温室气体排放。

工业生产：能源消耗 vs 节能减排

工业领域消耗大量化石能源，随着工业化进程的加快，能源需求激增，温室气体排放增多。

利用太阳能、水能、风能等新能源，在满足能源需求的同时保护了环境。（到"发光的垃圾"中了解更多吧！）

垃圾处理：随意处置 vs 层级管理

生产和消费的过程中产生大量垃圾。随意地处理垃圾不但污染土壤及水源，也产生甲烷等温室气体。

践行绿色生产及负责任的消费，减少垃圾的产生，对垃圾进行分类，让垃圾循环起来，都是为减碳做贡献。（到"垃圾金字塔"中了解更多吧！）

小朋友：

你好！

我是你生存的星球，你应该已经知道“发热”给我带来的困扰。但欣慰的是大家都在努力为我“治病”：

1992 年通过的《联合国气候变化框架公约》是世界上第一个为全面控制温室气体排放，应对全球变暖给人类社会带来不利影响的国际公约。1997 年通过的《京都议定书》对缔约方发达国家的温室气体减排作出了定量要求。在 2016 年签署的《巴黎协定》中，170 多个国家同意将全球平均气温升高控制在 2℃以内（较工业化前水平），争取在 1.5℃之内。为了帮我“稳定体温”，很多国家都公布了减排目标，如中国就承诺在 2030 年前实现碳达峰、2060 年前实现碳中和。这些承诺给了我很大的鼓舞，让我有信心解决这个难题了。

除了国家的承诺，还有各行业用绿色低碳的“医术”帮我“降温”。比如，工业生产时用清洁能源，运输中用新能源车辆并合理规划路线，以及对垃圾进行再生利用，等等。

我还需要恢复自身的“体温调节”能力。令我高兴的是，2021 年，联合国发布了“生态系统恢复十年倡议”，希望 10 年后恢复 3.5 亿公顷退化土地，帮助重建我的“温度调节带”。

当然，我也看到了你作为“地球小卫士”所做出的贡献哦！你随手关上卧室的灯，你骑上单车或选择公交地铁等绿色交通方式出行，你细心地把垃圾进行分类，这些看似微不足道的小事，对我来说可是缓解“发热”的重要行为呢！

我要谢谢你们每一个人用行动踩出的绿色脚印，相信这些脚印也会为我引路，让我一步步好起来！

你还知道哪些“降温”方法吗？了解以后，回信给我哟！

爱你的地球

2021 年 12 月 31 日

看完地球的信，你有什么思考吗？请根据你一天的行为，填涂下面的碳排放进度条，看看你是不是合格的“地球小卫士”吧。

除了提到的这些行为，生活中你还做了哪些对环境有益的事情呢？请将你的记录和思考写在空白处吧。

与你互动

填涂碳排放进度条

涂格标准

出行方式：步行或骑自行车不涂；乘公交或者地铁出行涂 1 格；乘私家车涂 3 格。

购物方式：自带环保布袋不涂；重复使用塑料袋涂 1 格；直接拿新的塑料袋子涂 3 格。

垃圾丢弃方式：垃圾正确分类投放不涂；未分类、分类错误涂 1 格；随手丢弃涂 3 格。

你的生活方式很健康，请继续做地球小卫士！

你还要为了环保生活再加把劲，相信你可以做得很棒哦！

你的日常生活会造成大量碳排放，需要改变生活习惯了哦，快快行动起来吧！

塑料航游记

14 水下生物

海洋是全球生命支持系统的基本组成部分，它让地球适宜人类居住，它还孕育着近 20 万种海洋生物。面对海洋污染，我们必须采取行动，这不仅对维持海洋生物多样性至关重要，也关乎人类的生存与发展。

看到这幅图，你有什么感受呢？你找到左右两边画面的不同之处了吗，你发现让海洋生态变得糟糕的“元凶”了吗？

海洋覆盖了地球表面近 3/4 的面积，它无时无刻不在孕育着生命。鱼翔瀚海、长鲸吞吐，海洋本应是蔚蓝、宽广且澄澈的，但是现在却遭受着越来越多的污染。

造成海洋污染的因素很多。石油让原本湛蓝的大海变得乌黑一片；含有重金属及放射性物质的污水会让海洋生物“生病”，含有氮、磷等元素的污水会导致海水富营养化，引发赤潮……

更可怕的是，一些人把海边当成了“垃圾站”，导致海洋中漂浮着大量的垃圾。

“嫌疑人”的自述

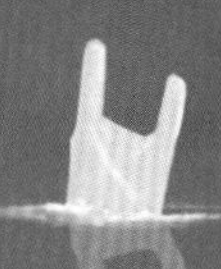

我是一个塑料瓶，用完后本该出现在“可回收物”垃圾桶中，然后完成魔法变身（到“垃圾分类的魔法”中了解更多吧），但我却被随意地丢弃在沙滩上，被浪花带进了海里，在这里经历了一段前所未见的“蓝色之旅”。让我惊讶的是，我只是庞大“塑料垃圾旅行团”中的一员，我们来自不同的地方，种类各异……有研究显示，每年大约有 800 万吨塑料垃圾进入海洋，这相当于 145 万头大象的质量。

礁石上，一只海豹正在玩塑料网兜，不久之后，它被绕住了脖子和四肢，痛苦地哀嚎着。海洋里漂着吸管、渔网等“塑料游客”，很多海鸟、海龟误把它们当成食物吞下了。塑料阻塞在动物体内，最终导致动物死亡。远处，一些塑料薄膜覆盖在了珊瑚礁上，原本美丽的珊瑚也“生病”了。海洋里的小动物似乎都非常讨厌我们，称我们为“幽灵杀手”。

我们搭乘着洋流的“顺风车”，在世界各地游荡。经年累月，我逐渐被分解成很小的碎片，变成“微塑料”，被鱼虾吃进肚子里，人们吃掉这些海产品的同时，也吃下了我。你知道吗，科学家已经在人体粪便内，甚至孕妇的胎盘中检测出了塑料成分。

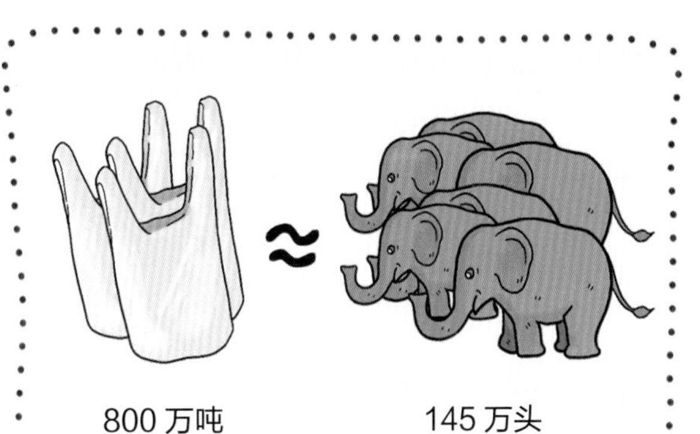

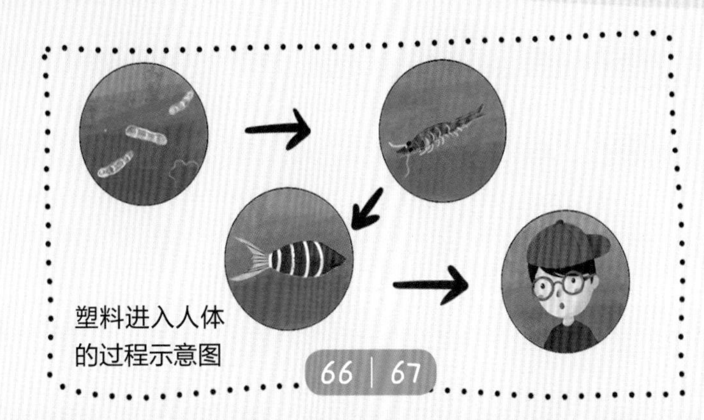

塑料进入人体的过程示意图

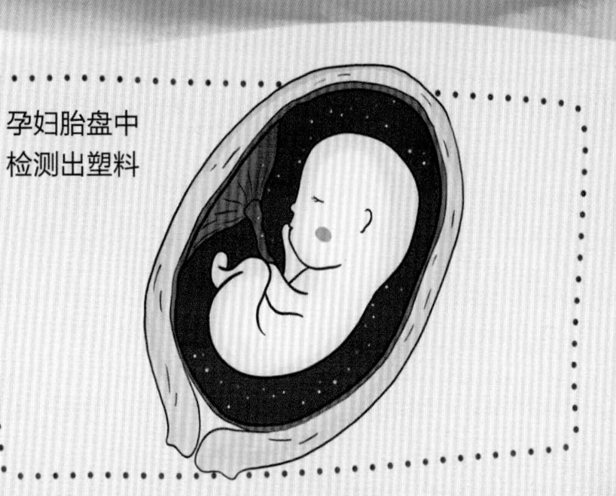

孕妇胎盘中检测出塑料

滨海旅游

由于监管不到位、民众环保意识不强等原因，一些海滩变成“垃圾海滩”，塑料垃圾被海浪带入海洋。

不合理的陆地垃圾管理方式

陆源塑料垃圾是海洋中塑料污染的主要来源之一，除滨海旅游直接产生的垃圾外，由于不合理的垃圾管理方式，很多河道边和海边的塑料垃圾也被暴风雨冲刷到海洋里。

船舶运输

货运船和邮轮上的船员及乘客会产生大量的塑料生活垃圾，航行过程中，有人会偷偷把这些垃圾倾倒入海。

海上养殖捕捞

近海养殖使用的泡沫塑料寿命短，易成为塑料漂浮垃圾；还有捕鱼时使用的尼龙等材质的渔网，废弃在海洋中也会影响海洋环境。

塑料垃圾是海洋垃圾的主要组成部分，约占海洋垃圾的60%~80%，并有逐年递增的趋势。你知道这些塑料来自哪里，以及它们是怎么进入海洋的吗?

塑料垃圾给海洋和人类带来了怎样的危害

污染物的"顺风车"

塑料产品中塑化剂、阻燃剂等成分释放出来，引起海洋污染。此外，重金属等污染物也会搭乘着"塑料便车"漂洋过海或沉至海底，影响海洋环境。

航行"幽灵"

渔网、塑料薄膜等废弃物会缠绕船只的螺旋桨，引发航行事故。

人类健康和经济社会的潜在威胁

微塑料通过食物链慢慢富集到人体内，对人的健康构成长期潜在的威胁。此外，根据联合国环境规划署的报告，估计塑料垃圾每年给海洋生态系统造成的经济损失高达130亿美元。

海洋生物的"隐形杀手"

每年，海洋中的废弃渔具导致超过10万只鲸鱼、海豚、海豹、海龟等动物受伤或死亡。除此之外，塑料还极易被当成水母误食。这些塑料垃圾阻塞在动物体内，最终导致动物死亡。当海洋食物链被破坏，海洋生态的平衡也会受到影响。

“月亮吸尘器”

“塑料垃圾旅行团”搭乘着洋流和季风的便车“周游大洋”，在太平洋、印度洋和大西洋上形成大型海洋垃圾带，太平洋的垃圾带就漂浮着近 8 万吨的塑料垃圾，总面积约 160 万平方千米，大于法国、德国和西班牙三国的国土面积总和。面对塑料带来的威胁，人们也在想办法让这些塑料垃圾“重回陆地”，并得到妥善处理。

为什么没有一个“海洋吸尘器”可以把这些塑料垃圾打捞回岸呢？来自荷兰的博扬 · 史莱特在一次潜水时萌发了这个想法，之后他便成立了非营利组织——“海洋清理（The Ocean Cleanup）”。2018 年，他们推出了一款由 600 米长的 U 形浮栅和 3 米深的屏障组成的海洋垃圾清洁系统，利用洋流让塑料垃圾“自投罗网”。托运船只每隔几个月来收一次垃圾。2019 年，他们在太平洋进行了第一次垃圾清理工作，从上俯瞰，该系统就像一艘月亮船，载着塑料垃圾，结束它们的海洋之旅。

你有没有其他好点子，可以更快更多地清理海洋中的垃圾？

除了“海洋吸尘器”这样对海洋塑料进行收集的“奇思妙想”，防止塑料垃圾入海，从源头上减少塑料垃圾的产生才是最根本的解决办法。

不让海洋成为“塑料垃圾场”

被称为“海洋宪法”的《联合国海洋法公约》规定了各国保护海洋环境的义务；《国际防止船舶造成污染公约》禁止船舶向海洋中排放塑料垃圾；《防止倾倒废物及其他物质污染海洋的公约》则希望有效管控包括倾倒塑料垃圾在内的海上倾废行为。这些公约都致力于把塑料垃圾拦截在海洋之外。

减少垃圾产生

塑料本身没有过错，只是因为人类的行为习惯，导致塑料垃圾量远超我们的想象，再加上处置不当，致使它们对海洋生态造成了伤害。

还记得第一篇的“垃圾金字塔”吗？对塑料垃圾的管理也应按照“金字塔”的逻辑——源头减量、重复利用、循环再生，才可以从根本上减少塑料垃圾的产生，减轻它们对自然环境的污染。

很多国家和组织对一次性塑料提出严格的管控，鼓励生产者在设计中就减少塑料用量，还要加强塑料的回收再利用。以塑料瓶为例，欧盟要求成员国到 2029 年，3 升以下塑料瓶的回收率要达到 90%，到 2030 年，塑料瓶中的再生料成分必须达到 30%。

你的行动也很重要哦！从今天起，开始“无塑生活”吧，出门购物自带布袋，选购洗发水等产品的补充装，重新灌装进家里已有的瓶子中，少点外卖减少塑料餐盒的使用。你还能想到哪些行动呢？

与你互动

本篇的内容对你有什么启发吗？欢迎做一个“海洋小讲师”，为班里的小伙伴上一节生动的海洋生态保护课。条件允许的话，还可以跟小伙伴们去沙滩捡拾垃圾，一起成为“蓝色小卫士”吧！

还记得本节中提到的造成海洋污染的“元凶”吗？请你像分析塑料这个“嫌疑人”一样，剖析一下其他海洋污染物的来源、危害和治理办法吧！

正在消失的它们

15 陆地生物

空气、水、土壤、岩石、太阳辐射等诸多元素构成了自然环境，它们是生物赖以生存的物质基础。但是，生物活动，特别是人类活动已经改变了地球表面近 75% 的区域，自然环境承受的压力越来越大。

你还记得“小丑河的变身”和“塑料航游记”里的故事吗？人类的某些行为，如未妥当处理垃圾会严重破坏水环境，并威胁到其中的生物。其实陆地环境与陆上生物也因人类活动受到了伤害，这就发生在我们的身边。

请你列举一下，你常去的公园里有哪些动植物。再去采访一下爸爸妈妈，他们小时候的公园又是什么样的呢？对比之后，你发现有什么不同了吗，为什么会这样？

让我们一起去印度尼西亚热带雨林的故事里寻找答案吧！

我叫苏门答腊，是“千岛之国”印度尼西亚最大的一座岛屿，岛上多热带雨林。

你知道我曾经多漂亮吗？连绵错落的山脉被树木覆盖，潺潺溪流被挺拔的椰树簇拥，森林的绿与天空的蓝相接相融。对于霸王花、泰坦魔芋、苏门答腊猩猩，以及各种漂亮的鸟儿等动植物来说，我不单单是它们的朋友，更是它们的“家”。这里到处生机盎然，五彩缤纷，而我，也被这些原始居民及来自世界各地的游客深深爱着。

但是过去的 20 年，我发生了巨大的变化。人类需要大量的棕榈油，为了满足他们的需求，就要开辟油棕种植园。某天，人们开始砍伐、放火，我的植物朋友们被烧死了，动物朋友们也逃走了，苏门答腊虎、苏门答腊猩猩、爪哇犀等动物濒临灭绝。

我被破坏得千疮百孔，更无力保护生活在这里的动物、植物。但是，人类并不知道，我的改变可能会给这个原本美丽的星球带来十分可怕的后果。

知识链接：我们食用的方便面、巧克力、面包，以及使用的肥皂、洗发水等一些生活必需品中都含有棕榈油。

苏门答腊岛口中这个可怕的后果是什么

热带雨林本像一个巨大的抽水机，从土壤中吸取大量的水分，再通过蒸腾作用，把水分散发到空气中。另外，森林土壤有良好的渗透性，能吸收和保留大量的降水。

热带雨林遭到破坏后，大尺度的水循环与水平衡也将被打破。雨林中植物的蒸腾作用减弱，导致空气干燥，降水减少，干旱风险上升。

热带雨林常常被称为“地球之肺”，是因为它可以通过植物的光合作用，将大气中大量的二氧化碳固定下来，同时又向大气中释放大量的氧气。

“砍伐”使热带雨林失去固碳能力，“焚烧”更让原本被固定下来的碳元素以二氧化碳的形态回到大气中。这加快了全球变暖的速度，也增加了极端天气事件，如暴雨、洪水、龙卷风、超强台风，以及极端高温、干旱发生的频率。

热带雨林还是一个巨大的“基因库”，地球上约有 800 万个物种，半数生存于热带雨林中。随着热带雨林被破坏，物种大量灭绝，生态平衡被破坏，生物多样性受到威胁。

生物多样性

生物多样性包括生态系统多样性、遗传多样性、物种多样性和自然景观多样性 4 个层级。生物多样性既可以反映生物之间、生物与环境之间的复杂关系，也能衡量生物资源的丰富度。

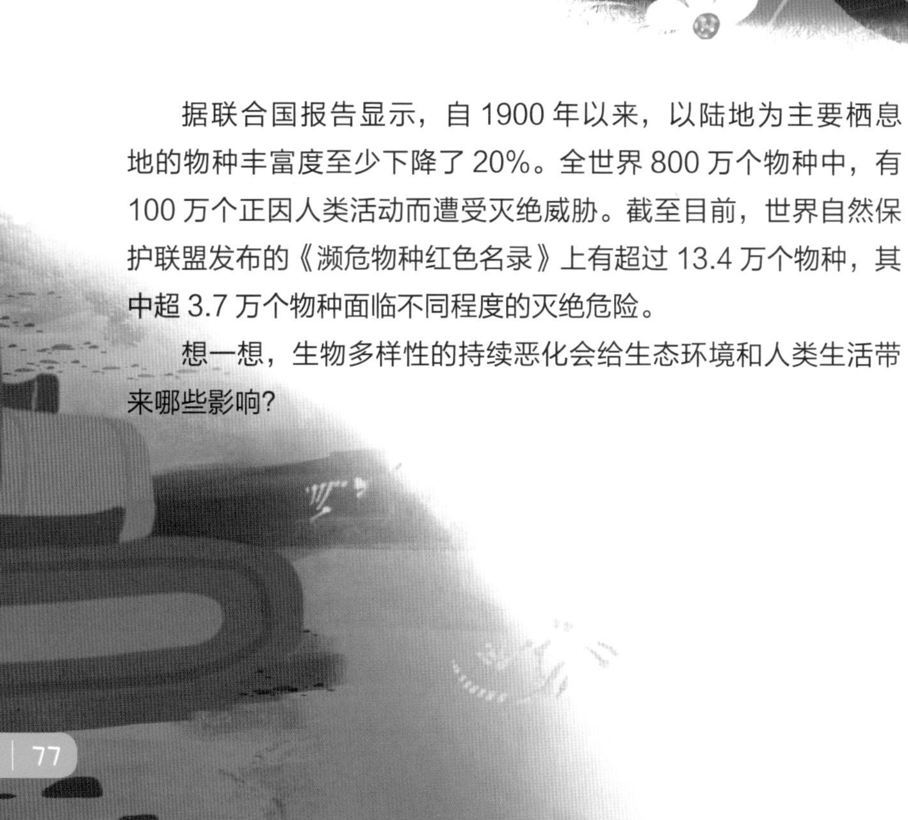

据联合国报告显示，自 1900 年以来，以陆地为主要栖息地的物种丰富度至少下降了 20%。全世界 800 万个物种中，有 100 万个正因人类活动而遭受灭绝威胁。截至目前，世界自然保护联盟发布的《濒危物种红色名录》上有超过 13.4 万个物种，其中超 3.7 万个物种面临不同程度的灭绝危险。

想一想，生物多样性的持续恶化会给生态环境和人类生活带来哪些影响？

到底是什么对生物多样性构成了威胁？美国生物学家爱德华·威尔逊将原因总结为“HIPPO”：

Habitat destruction 栖息地破坏

对于大多数物种来说，尤其是陆地生物，最严重的威胁就是栖息地丧失。

1. 人类为了发展，把原本茂密的森林、一望无际的草原变成了农田、道路、工厂等，原本生活在森林、草原里的动植物无处落脚。
2. 粗放的资源开发方式也会破坏动植物的栖息地。例如，用重网沿海底拖拽捕鱼（就像用推土机捡拾森林里的蘑菇），会毁掉宝贵的海草床和海藻森林，这些原本为海洋生物提供栖息地、食物及产卵场所的家园现今犹如荒漠，寸草不生。
3. 大块的、连续的自然栖息地被分割成“碎片”，在这些“孤岛”上，水循环、物质循环都发生改变，导致动物的捕食、传粉等活动变得困难。

Invasive species 外来物种入侵

在人类有意或无意的引入下，外来物种进入到现有的生态系统，因为缺乏天敌与资源的制约，它们肆意成长，对生态安全产生极大的威胁。

红火蚁原产于南美洲，通过货柜箱、草皮已经侵入美国、澳大利亚，并蔓延到中国的 12 个省。它们不断攻击周围的蟋蟀、蚯蚓，甚至青蛙等动物，还会蚕食各种农作物，如黄瓜、大豆、玉米、茄子等。人类被它叮咬后，可出现皮肤红肿、高烧等症状，对过敏体质人群则更加危险。

Pollution 污染

人类在发展的同时也对环境造成了不小的污染。

1. 工业生产、生活直接排放的有毒有害物质，如大量使用的农药，不仅杀灭了有害昆虫，也杀死了很多对农作物有益的昆虫。
2. 人类活动导致过量的含氮、磷的营养盐被排入水体，引发水体富营养化。藻类迅速繁殖，阳光难以穿透水层，影响水中植物的光合作用，使水中的氧气含量降低，产生有害气体与生物毒素，导致其中的鱼虾难以生存。

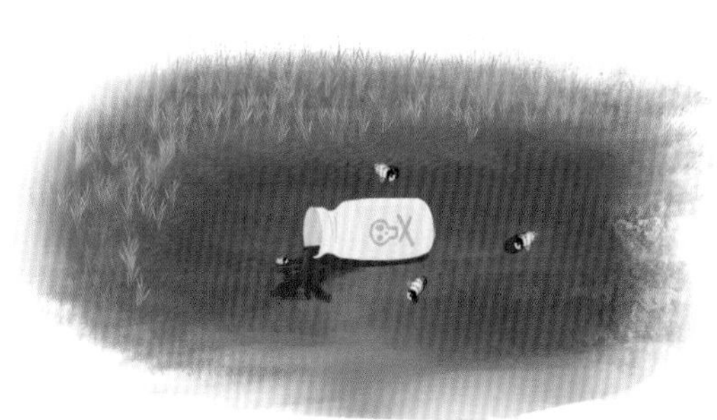

Population 人口增长

人口爆炸式的增长会加重 HIPPO 中其他因素对生物多样性的影响，人类需要砍伐更多的木材、开采更多的燃料、开垦更多的土地等，进一步导致生物栖息地减少、环境污染等问题。

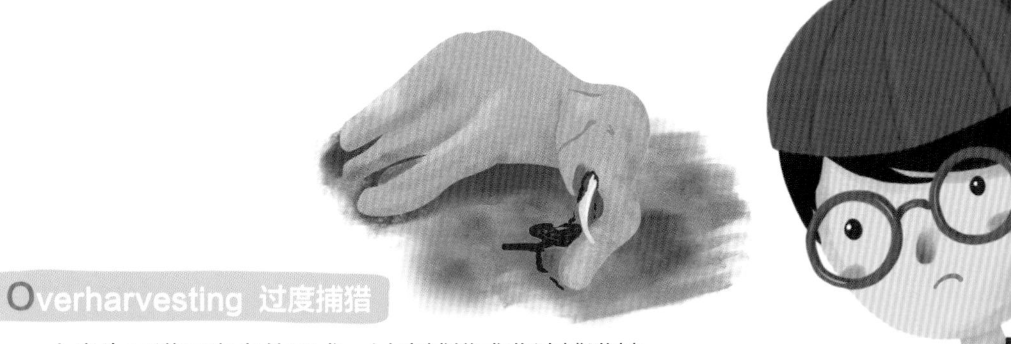

Overharvesting 过度捕猎

人类为了满足自身的需求，过度捕捞或非法捕猎某些物种，如野生象、穿山甲等，使它们逐渐走向灭亡。

为了阻止情况变得更糟，我们该怎么做

建立自然保护地，实行就地保护

将包含保护对象在内的一定面积的陆地、陆地水体或者海域依法划分出来，予以保护和管理。一般会选择有代表性的自然系统、珍稀濒危野生动植物的天然集中分布区。如 2021 年，中国正式设立三江源国家公园、大熊猫国家公园、东北虎豹国家公园、海南热带雨林国家公园、武夷山国家公园等自然保护地。

建立基因库

基因掌握着地球上每一个生命的密码。因此，在生物多样性受到威胁的情况下，在全球范围内建立的基因库，也许可能成为帮助人类保存并延续不同物种的“诺亚方舟”。

对濒危物种实施迁地保护

通过将生存和繁衍受到严重威胁的物种迁入动物园、植物园等设施，以及建立种子库等不同手段，给这些濒危物种一个暂时的“家”。

完善相关法律法规

中国严厉打击野生动植物非法贸易，通过制定野生动物保护、自然保护区等领域的法律法规，以及外来入侵物种名录和管理办法等，从国家层面保护生物多样性的同时，也鼓励各地因地制宜地出台地方性法规。

救救它们吧

现在地球上有太多物种的生命受到了威胁。请你查阅资料，分析以下几种被世界自然保护联盟（IUCN）列为野外灭绝（EW）、极危（CR）的生物濒临灭绝的原因，并想一想，我们该怎样拯救它们？

除此之外，在我们的日常生活中，个人不经意的举动又会对生物多样性造成怎样的影响，该怎样改变呢？

世界自然保护联盟物种生存委员会根据个体数量下降速度、物种总数、地理分布、群族分散程度等准则将物种灭绝的风险分为 9 类：灭绝 (EX)、野外灭绝 (EW)、极危 (CR)、濒危 (EN)、易危 (VU)、近危 (NT)、无危 (LC)、数据缺乏 (DD)、未评估 (NE)。

巴塞尔号角

国家之间与国家内部在收入、资源、种族等方面存在着诸多不平等，即使在面对人类共有的环境时，不平等现象也始终存在。令人忧虑的是，一部分人引发的环境恶果可能最终要由所有人来承担。

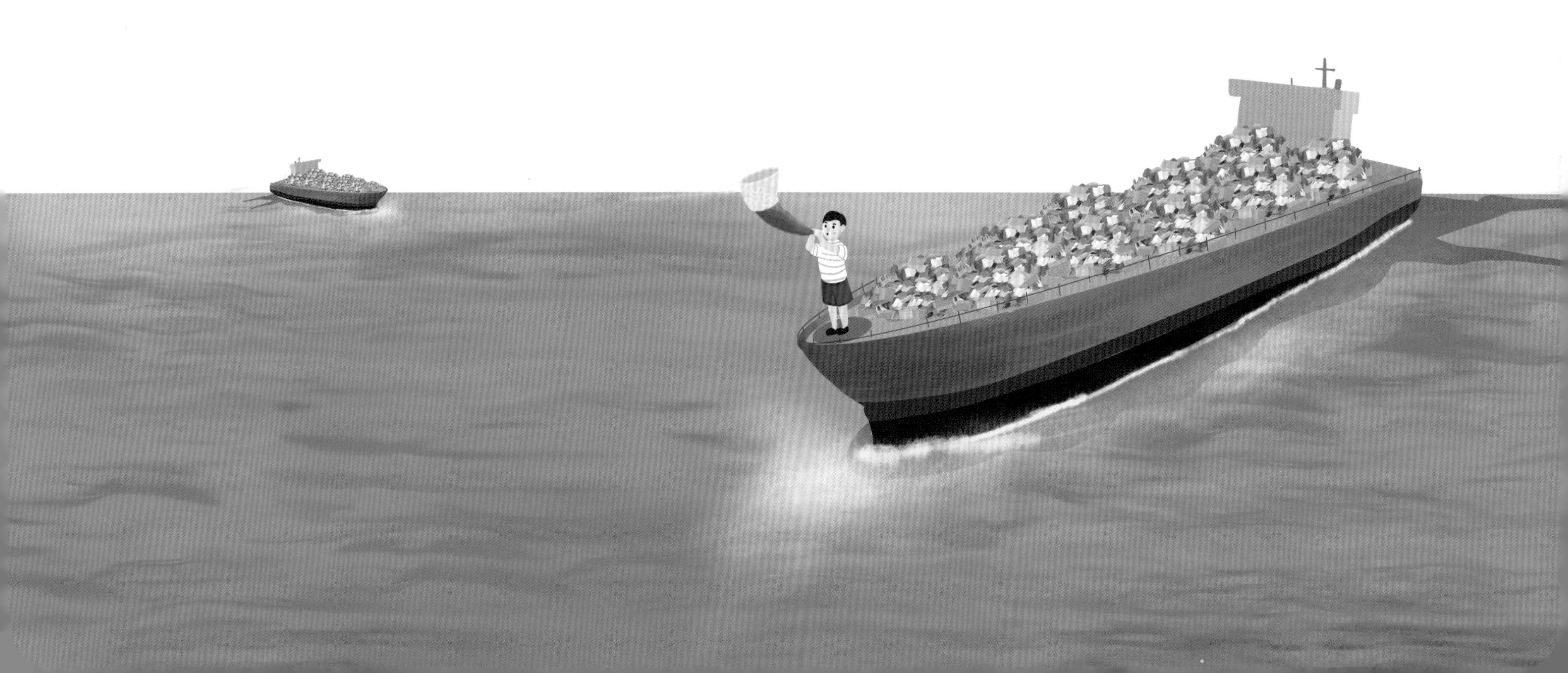

远处港口停泊着一艘刚从国外驶来的货轮，工人正在一箱一箱地卸货，但箱子里装着的并不是什么远洋货品，而是“洋垃圾”。

20 世纪 80 年代，中国制造业快速发展，需要大量塑料、纸张、金属等材料，中国开始进口洋垃圾，从中“淘金”。1995 年到 2016 年短短 22 年间，中国洋垃圾进口量翻了 10 倍，最多时达到 4800 万吨。

知识链接：“洋垃圾”主要指不符合国家环保控制标准、对环境安全和人体健康存在危害的进口固体废物。在加工利用的过程中，“洋垃圾”会产生大量污染物，对环境和人体健康造成危害。

既然是垃圾，为什么还要进口呢

由于当时中国的垃圾分类回收制度还不健全，从国内获得原材料的难度很大。经过简单的处理，进口的洋垃圾可以当作廉价的原材料，再生产品还能获得可观的收益。这些洋垃圾，被冠以一个看上去很美的名字——回收。但是它带来的风险，如携带的未知细菌、病毒，还有对环境造成的危害则是深远的。

随着国家发展与人们环保意识的提高，中国已不愿以牺牲环境为代价换取生产资源和经济的增长了。权衡了洋垃圾带来的短暂利益与其对环境造成的长久伤害，中国举起了反洋垃圾的旗帜，吹响了“巴塞尔号角”！

2018 年 1 月 1 日起，中国禁止进口废塑料，随后扩展到禁止进口废五金、废纤维和纺织品等。2021 年 1 月 1 日起，中国全面禁止进口任何固体废物。

知识链接：《控制危险废物越境转移及其处置巴塞尔公约》（简称《巴塞尔公约》）是一项以保护发展中国家环境利益为宗旨的国际环境公约。公约确定，产生方应对危险废物及其他废物承担全生命周期责任。《巴塞尔公约》的 3 项核心宗旨是：1. 减少危险废物和其他废物的越境转移；2. 尽可能在产生国进行环境无害化管理；3. 预防并尽量减少垃圾产生。

巴塞尔号角吹响后，这些原本计划出口的垃圾只能停滞在垃圾产生国的内部，而它们现有的设施又没有足够的能力处理这些垃圾，因而产生了新的问题。

垃圾产生国（多为发达国家）把这些本该自己处理的垃圾出口到其他国家（多为发展中国家），对于接收国来说，公平吗?

洋垃圾引发的环境正义问题

发达国家人民的消费水平高，也会消耗更多的自然资源，产生更多的垃圾。不少发达国家在国内仅发展一些对环境污染少、自然资源消耗少的高新技术或绿色产业，再从发展中国家进口能源密集型产品，并将生产生活过程中产生的固体废物转移到他国。这是一种违背环境正义的行为。

环境污染风险转移

垃圾接收国的处理设施发展不完备，不当焚烧会产生大量有害物质，对人体与环境造成伤害，随意填埋、直接丢弃产生的隐患更是难以想象。

劳动力健康危害转移

洋垃圾中可能含有有毒有害物质。分拣和加工过程需要大量劳动力，若工人缺少防护意识与必要的防护措施，直接暴露在不安全的工作环境中，对身体的危害极大。

垃圾出口的权利与义务

20 世纪 80 年代末，联合国通过《巴塞尔公约》，各个国家有权禁止他国危险废物和其他废物进入本国领土。对于出口国，公约要求，应将所出口垃圾的危害性降至最低，并且在出口垃圾的同时，出口国也应同步为接收国提供相应的技术支持或资金援助，保证废物在接收国可以得到无害化处理。

推动环境正义，各国都有哪些举措

《巴塞尔公约》接力棒

继中国颁布禁令后，东南亚国家也陆续吹响“巴塞尔号角”，禁止进口洋垃圾。泰国宣布2021年前达成禁止进口塑料垃圾的目标；越南也宣布，停止发放新的垃圾进口许可；马来西亚将3000吨塑料垃圾退回日本、美国、加拿大、澳大利亚等至少7个国家；菲律宾不惜通过外交手段将在其港口“驻扎”6年之久的69个集装箱的垃圾送回了加拿大；紧跟菲律宾步伐的是印度尼西亚，印尼政府表示已经立法停止进口来自西方国家的特定塑料垃圾，印尼海关在港口查获大量来自澳大利亚的有害垃圾，并决定把这些垃圾“送回老家”。

执法严惩走私垃圾和非法工厂

因为存在暴利，洋垃圾问题屡禁不止。在一段时间内，印尼非法走私处理洋垃圾数量激增，加剧了环境污染。面对着与日俱增的民众投诉，当地关停了多家非法进口处理洋垃圾的工厂。

中国严守关卡，坚决将“洋垃圾”拦截在国门之外。为此，中国制订发布行动方案，整治废弃物回收企业的违法行为，表明了中国斩断洋垃圾走私通道的决心。

第十乐章《公平协奏曲》

治理洋垃圾，“巴塞尔号角”是前奏，多方采取措施、共同行动才能演奏出完整的“交响乐”。“巴塞尔号角”这段前奏使得越来越多的垃圾出口国重新审视本国政策，这些国家需要改变过去向海外输送垃圾的做法，要通过投资新技术、加强基础设施建设等方式，提高本国的垃圾回收与处理能力，但是最重要的还是应该从源头减少垃圾的产生。这样才能一步步壮大治理洋垃圾的“乐团”。

当然，我们还可以谱写协奏曲。2019 年 5 月，来自 180 多个国家的 1400 多名代表一致通过将“混合、不可回收和受污染的塑料废物”出口纳入《巴塞尔公约》的管制制度。

昔日对洋垃圾问题袖手旁观的“听众”已经纷纷加入治理洋垃圾的乐队中。《日本经济新闻》在对日本塑料垃圾失去出口地表示担心之余，也呼吁日本政府提高本国的垃圾回收水平；英国计划在 2042 年前消除所有可避免的塑料垃圾污染；欧盟则提出“塑料战略”，成员国需要在 2030 年实现回收循环 55% 塑料废弃物的目标。（到“塑料航游记”中了解更多关于塑料的故事吧！）

与你互动

化身『小村官』，改变城乡发展不均衡

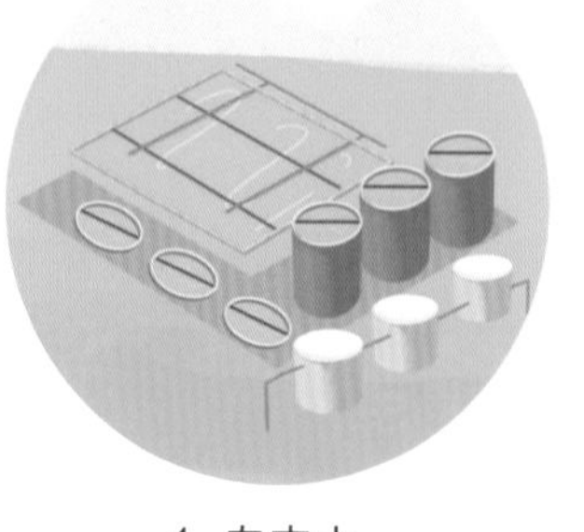

1. 自来水

2. 义务教育

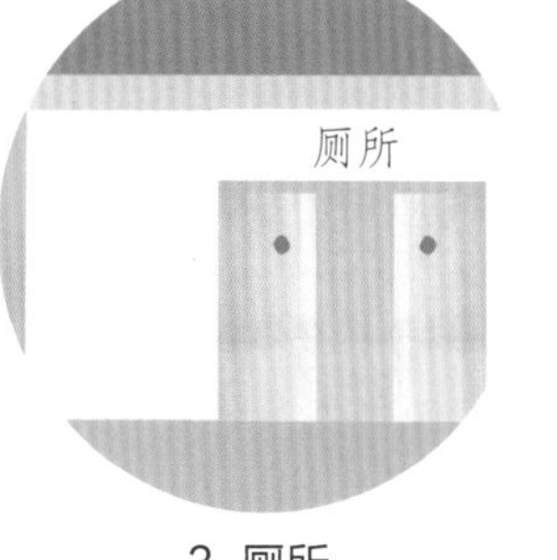

3. 厕所

4. 线上店铺（电商）

5. 修路盖房

6. 垃圾处理

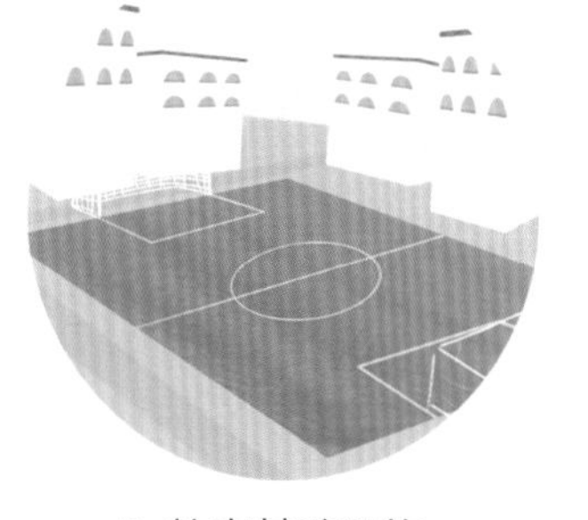

7. 教育基础设施

8. 绿化

9. 高水平师资

10. 乡村旅游

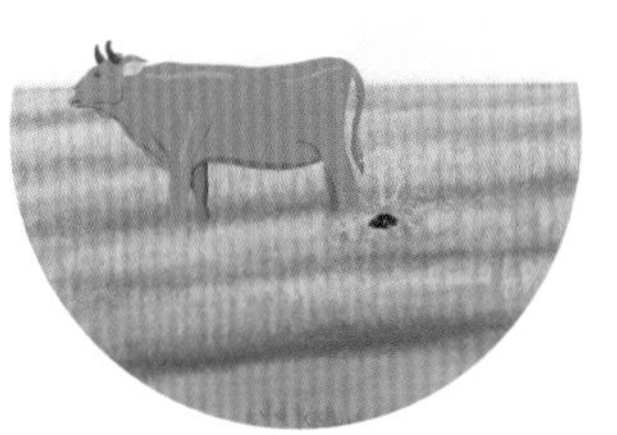

11. 畜禽粪污的利用

12. 机械化生产

洋垃圾反映了国家间的不平等问题。但你知道吗，在不少国家内部也存在城乡发展不均衡的问题。有些乡村在基础设施、人均收入、教育水平和人居环境等方面与城市还有一定差距。请你结合你观察到的城市、乡村现状，将本页的内容进行归类，并将序号填到相应的类别下，为我们的乡村建设及城乡均衡发展提出建议吧！

你还能想到哪些不公平的现象呢，针对这些不公平问题你认为我们可以怎么做？

基础设施	人均收入	教育水平	人居环境

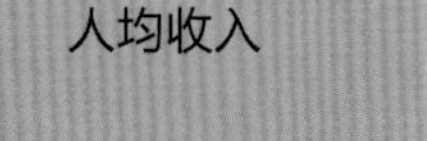

当今世界冲突不断，安全形势严峻。战争及其带来的环境、社会与经济问题仍是阻碍可持续发展的原因之一。

2018 年，逃离战争、迫害和冲突的人数突破 7000 万，创下了联合国难民署成立以来的最高纪录。

我是一片土地，你愿意听听我的故事吗？

这个故事和战争有关，可能会刷新你对它的认知。其实战争这个巨大的怪兽离我们并不遥远，我已经经历过很多次了。它吞噬生命、毁灭人们的家园，破坏力惊人，很多时候我也只能眼睁睁地看着鲜活的生命瞬间凋谢。

虽然我只是一片土地，但是也察觉到，最近发生了一些不同寻常的事情。大片的房屋被炸毁，人们哭喊着跑出去，望不到头的废墟压在我的身上。

数不清的人受伤、倒下，然后就这样被留在了这里，还有他们身边散落着的成堆的药、绷带。奔驰的坦克、呼啸而过的飞机，这些都不是最可怕的。我第一次见识了原子弹的威力，它一瞬间把平坦的土地炸出了大坑，还会在很长的一段时间内持续释放放射性污染物质。

战争遗留下来的地雷还潜伏在我的身上，不知道在这里生活的人们什么时候才能发现这个秘密。

战争的结果不只是输赢，还有疾病、伤痛，以及垃圾堆积的无尽废墟，而且垃圾的危害可能会超乎你的想象。

战争垃圾相关的问题

战争从准备阶段起就开始消耗大量的资源。一场正在进行的战争对环境的破坏更加严重，常常伴随着对大气、水、土壤的污染，对动植物的伤害，以及大量处理难度很大的垃圾。

森林污染

越南战争期间，为了尽快发现藏身在密林中的越南武装人员，美军向森林喷洒含有二噁英的除草剂和脱叶剂，导致越南约 1/3 的森林被破坏，对生态环境造成了难以估量的影响。另外，由于二噁英的剧毒性，许多越南人民和参战的美国士兵因此患上了癌症等疾病，受污染地区甚至出现了很多畸形儿童。

建筑倒塌形成的废墟

在持续了 10 年的叙利亚危机中，很多房屋建筑被摧毁，工业设施也遭到了严重破坏。数以百万计的人失去了生存的庇护，历史留下的宝贵遗产化为灰烬。

海洋污染

海湾战争期间，大量原油入海，不但造成了资源浪费，也严重破坏了海洋生态。海鸟丧失了栖息地，油污沾满了它们的羽毛，它们因为无法飞行而饿死；水中的鱼类也因为缺氧、中毒死亡。

废弃武器和化学物质

科索沃地区如今成了世界上“最危险的地区”之一。北约在科索沃地区扔下大量炸弹，其中一些没有爆炸，给清除工作带来了很大的困难，排弹工作非常危险。

空气污染

伊拉克军队在撤退时破坏了科威特的大量石油设施，使得每天有大量石油被火吞噬。黑而油腻的雨降落在沙特阿拉伯及伊朗，就连几千千米以外的克什米尔地区也下起了黑雪。

难民问题

战争让无数人失去生命，幸存的人要么在满目疮痍的土地上艰难求生，要么就只能背井离乡，沦为难民。再加上战争时期废水与垃圾得不到很好的处理，难民生活在卫生条件很差的环境中，暴发传染病的风险大大提高。

面对带来巨大伤痛与损失的战争，我们该怎么做？

和平是当今世界发展的前提。在积极解决战争带来的不利影响的同时，更要致力于从源头上阻止战争的发生。

可持续和平才有可持续发展

国际和平日

有这样一个日子，所有国家、人民都应该停止敌对行动，各地交战方都应该放下武器，谋求和平。每年的 9 月 21 日是国际和平日，让我们共同思考如何减少可能出现的争端，为更加可持续、和平、安全的未来做出贡献。

为和平而行动——维和部队

有这样一支队伍，他们由联合国安理会授权，由来自不同国家的人员组成。他们总是出现在荒凉、偏远和危险的环境中。维和人员的存在就是为了防止、帮助控制或终止冲突，恢复和平。但在这些战火纷飞的危险地带，除非出于自卫和捍卫职责，他们不会使用武力。

他们止暴平暴、稳定局势，面对枪林弹雨也要保护平民，督促战争各方停火，帮助当地扫雷排爆、重建设施……

他们迎着朝霞出发，披着星光归营，在枪声中入睡，在炮声中惊醒，有些人甚至还付出了自己的生命。

和平需要争取，和平更需要维护。

了解战争，可以让我们更加珍惜和平、安定的每一天，并极力避免战争。当你对生活充满善意与尊重，就会获得它的馈赠。小朋友，请你给联合国写一封信，为了维护和平提出你的建议吧！

与你互动

和你的朋友们一起，为世界和平日设计一个标识吧！

8 体面工作和经济增长

街道超人

持续的经济增长可以推动社会进步，创造更多的就业机会，稳定的就业和体面的工作是减少贫穷的关键因素。全球超过一半的劳动者为非正规工人，面对诸如新冠肺炎疫情或经济衰退等冲击，这些弱势群体往往更容易面临失去生计的风险。

新冠肺炎疫情暴发后，人们将目光投向了医务工作者、公安干警、社区基层干部……其实，还有一群人默默无闻地奋战在抗疫一线，也是这场“战役”中的“最美逆行者”，他们就是环卫工人。

新冠肺炎疫情期间，当大多数人待在家里“自我隔离”的时候，环卫工人却依旧坚守在工作岗位上。他们不但要完成街道清扫、垃圾收运、公厕清洁等常规环卫工作，还承担起了公共场所、卫生机构和集中隔离场所的消杀任务。他们默默地劳作保持了城市环境的安全卫生，为市民筑起了一道抵御病毒的屏障。

你梦想的工作是什么，你选择它的原因是什么呢？有什么工作是你不想做的吗，又是因为什么呢？

环卫工人的真实故事

环卫工人的工作，虽然并不像一些岗位那样令人瞩目，但你是否想过，如果没有他们，我们每天丢弃的垃圾会去到哪里，我们生活的城市会是怎样的面貌？在新冠肺炎疫情期间，如果医疗废物没有被及时收集清理，会有什么样的后果？

相信你一定也想象得到，如果缺少了环卫工人，现在干净整洁的城市就会变成“脏城”“臭城”“毒城”。他们的工作保障了社会生活的正常运转。

凌晨 4 点，他们就已经在街道上开始清扫。不论严寒酷暑、节日假期，他们都要坚守岗位。然而环卫工人的收入却只在最低工资水平线上下，社会保障和福利也还不完善。日常道路作业还面临着发生交通事故的风险，频繁和废弃物接触也使他们有更大的疾病感染风险。

除了艰难的工作条件，社会认同和自我认同的缺乏也把他们逐渐推向了社会的边缘。

环卫工人在疫情期间的付出令人感动，他们忽然成了我们眼中的“超人”，但是你有没有想过，即使在日常生活中，他们的付出也超越我们的想象，他们应该获得更多优待与尊重。

获得工作和社会“安全感”

面对不佳的户外工作环境，许多环卫工人没有得到足够的安全保障。例如，工作中发生意外交通事故的概率高，缺乏休息站点，等等。

为了让环卫工人在辛苦工作后有一个安心的角落，感受生活最初的美好，中国广州为当地的环卫工人量身订制专属长租公寓，帮助劳动者安居圆梦。

需要更多认同和尊重

环卫事业是一项创造美丽的事业，环卫工人是城乡美容师。在沈阳故宫博物院附近工作的环卫工人杨大爷也是中国众多体面的环卫工人中的一员：一席飘逸的长发和标志性的胡须，在红墙的衬托下，拿着扫帚仔细清除地上落叶的画面仿佛是杂志中的“大片”。目前，中国越来越多的环卫工人也是人们心中的英雄。

人力资源和社会保障部发布的 2021 年第三季度全国招聘求职 100 个短缺职业排行显示，营销员、快递员、餐厅服务员、保安、商品营业员排在前五的位置，都属于人员短缺职业。

小朋友，请你思考一下，他们的劳动强度、收入、工作环境和公众对他们的评价是怎样的，这些职业和环卫工人有哪些相似之处？

让每一个工作者都能体面劳动

体面劳动不仅仅是获得一份工作，它还包括：

- 足以使劳动者摆脱贫困的工作
- 对家庭的保障
- 安全的工作场所
- 公平的收入
- 更好的个人发展前景和与社会的融合

体面的工作意味着尊严、平等，它让男性和女性拥有平等的机会和待遇。

无论是环卫工人、快递员，还是老师、医生，每一种职业都有体面劳动的权利。然而当今世界在体面劳动方面依然存在着许多不足，要维护每一位劳动者的基本权益，不仅需要更完善的社会制度、更人性的企业管理措施，也需要我们每一个人的努力。

影响人们选择职业的因素有很多，包括国家政策、社会经济发展、社会舆论、家庭影响、自身喜好等。但是无论哪一种职业，都有它的不可替代性、社会责任和闪光点，都应该得到我们的尊重、认同和支持。

希望未来十年，每一种职业都拥有“超能力”

为了让“街道超人”能体面劳动，不断优化的社会制度提供了有力的支持。

社会保障：中国很多城市规定，用人单位必须与环卫工人签订劳动合同，并为他们办理社会保险，提供高温补贴，还会定期组织免费体检。

智能工具：越来越多的智能化、机械化环卫清洁车投入使用，大大降低了环卫工人的劳动强度，也给他们提供了更多的安全保障。

社会关爱：每年的 10 月 26 日为中国环卫工人日，这呼吁社会给他们更多的尊重和关爱。各级工会及不少公益基金也在为他们提供维权服务和生活帮助。

德国“双元制”职业教育

德国特色的“双元制”职业教育也是保障人们享有良好就业机会的有力推手。在这种教育体系下，学生一部分时间在职业院校学习，一部分时间在企业实习工作。企业为学生提供了各种实习岗位，确保他们从学校习得理论知识后，有充分的机会在实践中训练成长。企业还会为学生提供实习津贴并且缴纳社会保险。

“双元制”教育一般为 3 年至 3 年半，学业结束后参加全国资格考试，考试合格获得国家职业资格认证证书。毕业生的就业率很高，收入也很可观。这些优势使“双元制”教育对许多年轻人及其家庭有很大的吸引力。另一方面，企业也可以借此获得符合自身需要的高技能人才，节约了再培训的成本。德国的“双元制”教育帮年轻人获得了“超能力”，也为他们提供了稳定、有前景的就业机会。

与你互动

通过上面的介绍，我们了解到每个人在自由选择职业的同时，也要不带偏见地尊重其他职业，并尽量帮助他们体面地工作。在了解了街道超人的不易处境之后，请你开动脑筋，想象一下，能够体面工作的街道超人会是什么样子的呢，他们的工作场景会是怎样的呢？请你把脑海中的图像画下来，然后把这幅画送给你家附近的街道超人吧！

敞开的校门

4 优质教育

教育是实现其他可持续发展目标的关键。教育有助于减少不平等，实现性别平等，使各地的人们过上更加健康和可持续的生活。

我们总习惯于在课堂里、书本上学习新知识，但你知道吗，课堂并不是我们获取知识的唯一途径，当你走出教室，大自然就变成了最好的老师！这位老师又会教给我们什么呢？
c
A
b

走进自然，让我们更加真切地感受到人类行为对环境的潜在影响，也可以在与自然相处的过程中更好地理解、实践环保理念，比如，人们常说的“无痕山林（Leave No Trace）”。

无痕山林由七大原则组成：

充分的规划与准备；
在能承受的地点行走及露营；
适当地处理垃圾；
勿取走自然中的任何资源与物品；
降低营火对自然的影响；
尊重野外生物；
尊重其他旅行者。

小贴士：请注意，法律明令禁止在有火灾危险的场所吸烟或使用明火。生活中用火也应谨慎，不要违反法律法规和相关管理规定。

自带水壶而非购买矿泉水

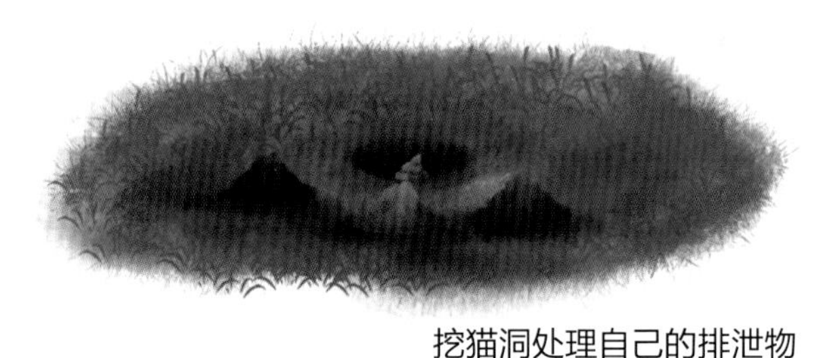

挖猫洞处理自己的排泄物

小朋友，请你根据这七大原则，然后判断下面这些行为，哪些是可以做的，哪些是不能做的？

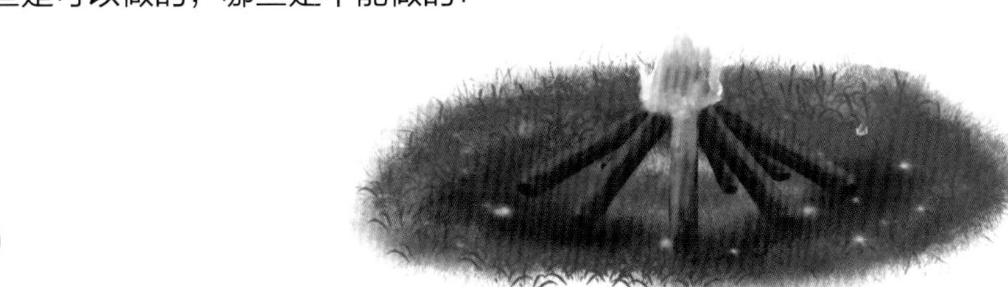

不制造营火，不设营火圈

在生态脆弱的地方露营

摘花、践踏草坪、摘食树上的果子

带走自己产生的垃圾

随意投喂、捕捉野生动物

我们有条件走出课堂去自然中实践环保理念，但你知道吗，世界上还有很多人甚至无法走进课堂，享受不到基础教育。

失学问题严重

2018 年，全球约有 2.59 亿少年儿童处于失学状态，占全球学龄人口近 1/5，即每 5 个孩子中就有 1 个失学的。学段越高，失学率越高，高中阶段的失学率是小学阶段的 2 倍多。

欠发达地区儿童上学难

未入学的儿童中，超过半数生活在撒哈拉以南非洲。这些国家战乱情况严重、贫困程度高。比如，利比里亚就有一半以上的儿童无法进入小学学习，而发达国家同等年龄段儿童的平均失学率则不到 1%。

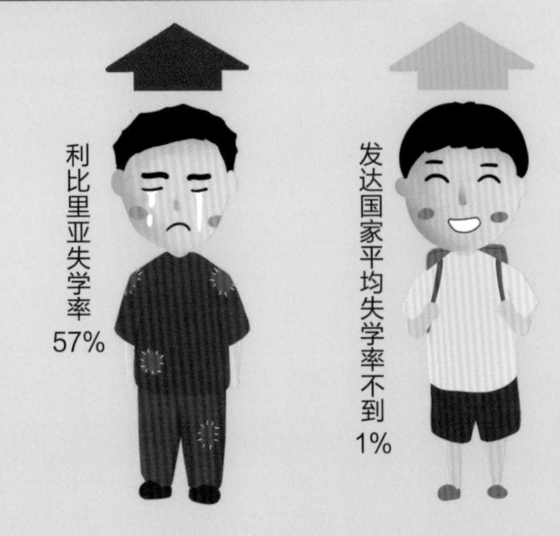

女性教育问题

全球有 1600 万女孩从未踏进过教室。在 7.5 亿没有基本识字能力的成年人中，女性占 2/3。

看完这些数据，五年级的小明迫不及待地跟爷爷感叹，世界上竟然还有那么多小朋友没办法上学！

爷爷回忆起小时候，说：“其实我小时候，中国也有很多小朋友没条件上学，所以很多人都不识字。到了 1986 年，实施了《义务教育法》，所有的适龄儿童不管你来自哪里，是男孩还是女孩，贫穷还是富有，都可以免费进入学校，接受小学和初中的教育。”

小明：“我们现在除了学习语、数、外，还上体育课、美术课、音乐课……老师还不时带着我们去校外探索自然，甚至去游学呢！据说到了初中，还可以加入天文社、话剧社等社团！”

爷爷笑着说道：“这就是后来提倡的‘素质教育’啦！让你们在思想道德、能力、个性、身体和心理健康等方面全面发展。”

：“不过，那天我见到了一个坐轮椅的小朋友，他该怎么上学呢？”

：“他现在可以和你一样，进入普通学校学习。不过还有一些小朋友因为看不到、听不到或者存在智力缺陷，就会到特殊教育学校，有专门的老师教他们文化知识、生活和工作技能等，这样他们毕业后也可以找到工作，融入社会了！”

：“学校的大门永远向每一位小朋友敞开！如果我遇到这些同学，一定会尊重并帮助他们。对了爷爷，前几天我还收到了德国朋友汉斯的邮件，他给我讲了不少关于德国教育的新鲜事呢！”

德国教育的启示

：“汉斯说在德国，小朋友小学毕业后，可以根据自己的学习情况选择去文理中学（Gymnasium）、实科中学（Realschule）或职业预科（Hauptschule）就读。汉斯就打算选择文理中学，然后去考大学。

汉斯的表哥弗兰克就不同了，他是个汽车迷，选择进入职业预科，之后还会参加‘双元制’学徒训练。除了理论知识，还有实习机会，让他们可以‘学以致用’。毕业后也能获得不错的工作机会。（到‘街道超人’中深入了解‘双元制’吧！）

最有意思的是，汉斯的奶奶竟然也可以上学！20 世纪 70—80 年代，兴起了‘国际老年教育运动’，德国也在这个时候发展出了长者教育体系，并开始提倡‘终身教育’。汉斯的奶奶现在不仅可以去专门的长者学院(Altenakademie)学习，甚至也能自由地进入大学‘旁听’，跟大学生一起享受课堂了。”

“听起来可真让人羡慕！不过咱们中国也专门设立了‘老年大学’，有书法、摄影、戏曲很多课程，我下周打算报名金融理财试试！”

"汉斯还说，德国特别重视环境教育，潜移默化地影响着居民的个人行为。以汉斯居住的城市柏林为例，那里有一座柏林未来博物馆，展出的都是与自然、环境相关的内容，他都已经去过好几次了！这栋建筑本身就是很好的节能建筑物。每次去参观，新奇的展示和有趣的体验都让汉斯主动思考人类与世界的未来，学习更好地与自然相处、与自然成为伙伴。

汉斯的姐姐在汉堡上大学。入学第一天，她就收到了一本《可持续发展手册和城市指南》，从有机产品市场的位置到自行车骑行线路都标注得一清二楚。这本手册中还有不少优惠券，鼓励大家多多光顾那些'绿色店铺'。

而 500 多千米以外的特里尔大学则是著名的'环保校园'，在校区设计、建设时就加入了不少了环保巧思，采用太阳能、地热能、生物质能等新能源为校舍供电，实现了能源的'自给自足'。他们还收集雨水，过滤净化后用于学校卫生间的冲洗等。"

"汉斯的分享真是让我也学到不少！看来，德国在基础教育、职业教育、长者教育和环境教育中的经验真是值得我们学习！你也应该把这些故事讲给你的朋友听。"

与你互动

还记得最开始学到的“无痕山林”吗？下次学校郊游或者全家出游的时候就学以致用吧！记得记录下你的绿色出游，看看你能否在大自然老师出的考卷中获得高分吧！

撕掉标签

性别平等是一项基本人权，是经济及社会可持续发展的必要基础。被平等对待也有利于每个人个性的发展。

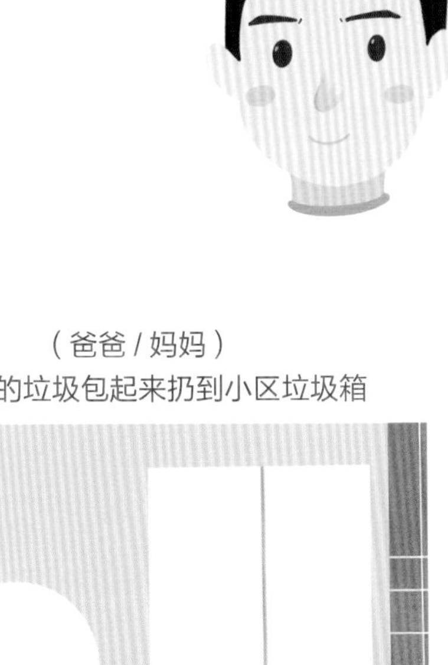

“女人怎么能当卡车司机呢，这工作又脏又累，她还怎么给家人做饭呢？”“处理垃圾的活儿只有男人能做，女人搬不动很重的垃圾箱。”

看看上面这些话并结合你刚刚的选择，认真思考一下，你平等地看待不同性别，尤其是女性的社会角色了吗？

保洁（阿姨 / 叔叔）
在清扫商场的公共区域

（爸爸 / 妈妈）
把家里的垃圾包起来扔到小区垃圾箱

司机（阿姨 / 叔叔）
沿街收运垃圾并将垃圾送到垃圾站

你如何看待性别平等

性别平等，就是希望不再把性别作为评价标准，每个人都享有同样的权利，平等地参与政治、经济、文化等一切活动。但是，距离实现这个愿景，还有很长的路。

你能想象吗？一年内，全球约 1/5 的妇女和儿童遭受过亲密伴侣的人身暴力或性暴力。此外，至今还有很多国家的女童无法上学，女性不能参加工作，更不用说参与选举和投票。有 18 个国家，丈夫可以合法地阻止妻子工作；有 39 个国家，女儿和儿子享有的继承权不同。

因此，为了保护女性不受暴力伤害，真正意义上实现性别平等，提升女性权益和地位是重要的一步。

亮出红牌，反对暴力

1994 年联合国大会通过的《消除对妇女的暴力行为宣言》申明了对妇女的暴力行为是对妇女的人权和基本自由的侵犯，也督促各国应就其责任做出承诺，努力消除对妇女的暴力。德国出台《防止暴力法案》，保护女性家暴受害者。《中华人民共和国反家庭暴力法》也用法律为女性阻挡那些疯狂的拳头，中国还有“中华全国妇女联合会”等为保障女性权益而设立的机构。

平衡性别权益的天平

19 世纪 60 年代，西方兴起的第一次女性主义浪潮为女性争取到了选举权。一个多世纪后的第二次浪潮呼吁消除两性差别，女性开始追求教育、就业、婚姻、生育等方面的权益。

2010 年，英国制定《平等法》，保护人们在工作场合的性别平等，女性和男性享有同样的工作及升职权利。《中华人民共和国妇女权益保障法》保障了女性的政治权利、文化教育权益、劳动和社会保障权益、财产权益、人身权利、婚姻家庭权益。

女性地位的提升

经过努力，一部分国家的女性地位逐渐提高：

20 世纪 60 年代， 女性没有自主生育权，平均生育 5 个孩子，同时重男轻女的现象也普遍存在。但在过去的 50 年里，随着女性受教育程度的提高，劳动参与度提高，她们有权根据自身情况决定是否生育，这让全球生育率下降了一半左右。同时，通过禁止孕期性别检查等措施，新生儿的男女比例也得到了改善。

此外，女性的劳动权利也逐步得到保障。过去，女性很少外出工作，在家里做全职妈妈，照顾家人。随着越来越多的女性进入工作岗位，到 2018 年，世界女性平均劳动参与率达到 48%，中国女性的劳动参与率超过 70%，甚至超过很多发达国家，位于世界前列。与此同时，各个领域都开始出现“她力量”，比如，飞行员、宇航员、维和人员等，过去被认为是男性“专属”的职业，现在也有女性的身影。另外，过去 10 年全球女性董事占比提高了一倍。“她声音”越发响亮。

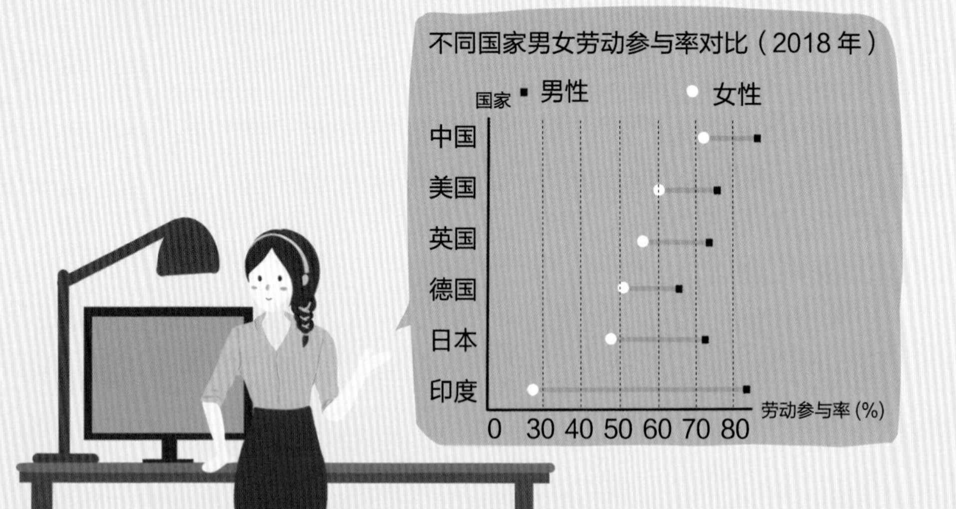

男性权利也应该被保护

在提高女性地位的同时，也不应忽视男性的权利，男性也有可能受到侵害。

生活中的刻板印象

性别平等不仅意味着权利的平等，还意味着所有人都能自由发展个人的才能，自由做出个人的选择，而不受刻板印象、性别偏见的限制。但其实，生活中不乏各种刻板印象，这似乎给性别打上了标签……

词语标签

小朋友，你们有没有注意到，有些表达习惯其实反映了性别偏见，如很多描述职业的词“默认”从业者为男性，如 policeman（警察）、fireman（消防员）等。此外，一些语言表达习惯还表明了以男性为中心的思想，如 Mary Smith 小姐嫁给了 John William，在结婚前别人称她为 Miss Smith，婚后随夫姓，被叫作 Mrs. William，所以她一直是 Smith 家的女儿或者 William 的太太。

个性标签

你有没有听过这样的话？“女孩应该温柔安静，男儿应该有泪不轻弹”“女孩数学不好，男孩不够细心”“女孩适合当老师、行政秘书，男孩适合当科学家、工程师”……当用这些性别标签去定义男女的喜好、性格、能力时，或许孩子成长和发展的潜能正被悄悄扼杀。

职业标签

提起护士，人们脑海中首先浮现的是头戴护士帽、温婉亲切的女性形象，这个职业一度被认为是女性的“专利”。谈论起男护士，有些人会感到诧异，甚至有些别扭。在传统观念中，这份工作需具备足够的细心与耐心，男性似乎无法胜任这个角色。

撕掉性别标签

家庭、学校及社会环境都会潜移默化地影响性别观念，所以如果想要撕掉性别标签，就要逐渐在这些场景里消除刻板印象。

女性可以养家糊口，男性也可以成为全职爸爸；女生可以在操场上踢球，男生也可以学编织和手工；玩具广告中，穿蜘蛛侠服装的男生可以推着粉色的婴儿车，长发女生也可以穿着酷帅的牛仔服，开越野车；童话故事里的公主可以披荆斩棘来一场冒险，王子也可以盛装打扮，远赴邻国参加舞会。

《只要有一个女人》（节选）
南希 · 史密斯

只要有一个女人，觉得自己坚强，讨厌柔弱的伪装；定有一个男人，意识到自己也有脆弱的地方，因而不愿再伪装坚强。

只要有一个女人，讨厌扮演幼稚无知的小姑娘；定有一个男人，想摆脱无所不能的高期望。

只要有一个女人，讨厌情绪化女人的定型；定有一个男人，可以自由地哭泣和表现柔情。

只要有一个女人，得不到有意义的工作和平等的薪金；定有一个男人，不得不担起对另一个人的全部责任。

只要有一个女人，想弄懂汽车的构造而得不到帮助；定有一个男人，想享受烹饪的乐趣而得不到满足。

只要有一个女人，向自身的解放迈进一步；定有一个男人，发现自己也更接近自由之路。

看完之后你有什么想法？也试着自己写几句吧！

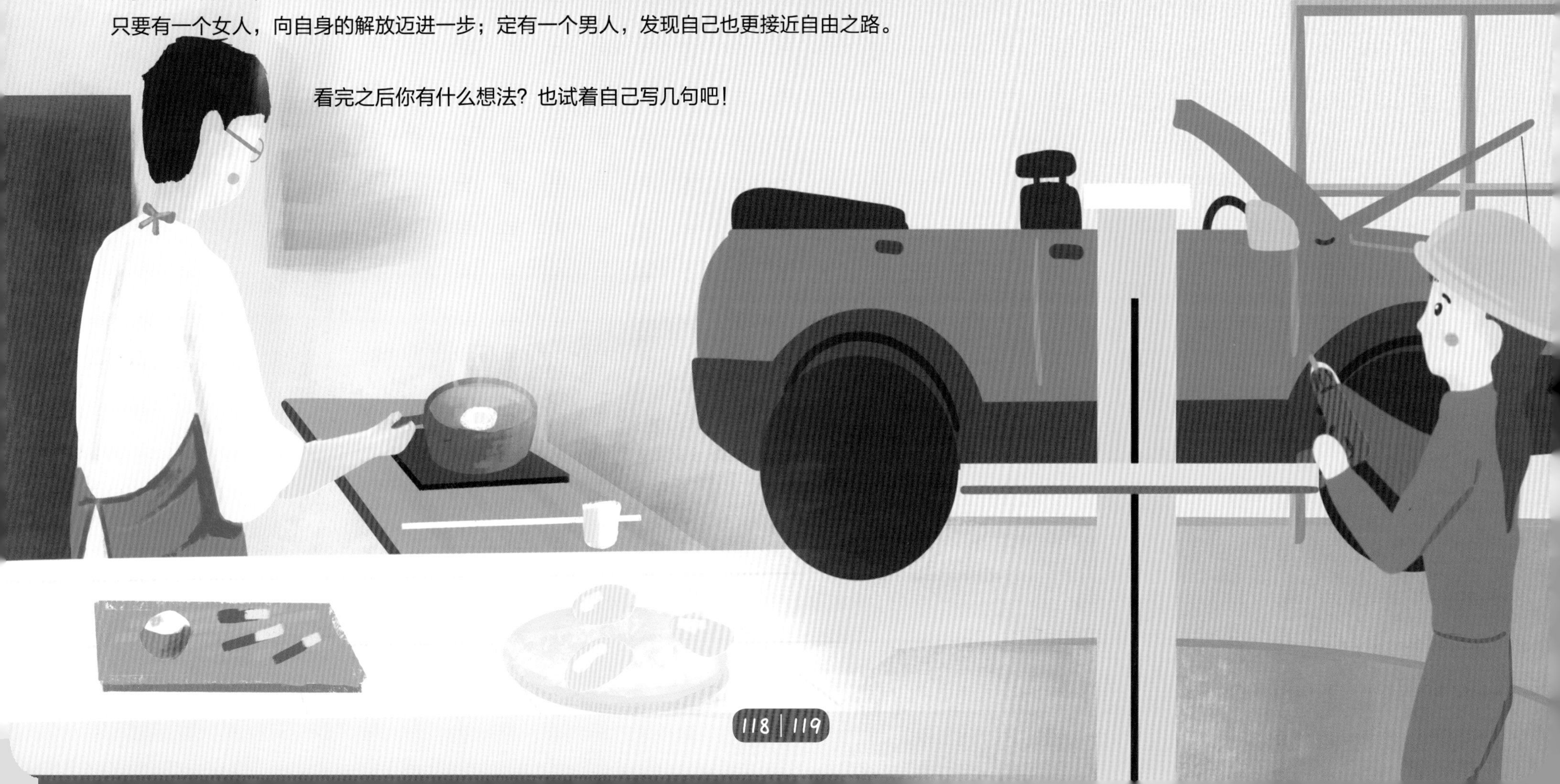

与你互动

请你作为监督员，让爸爸妈妈交换身份，体验对方的一天。你需要在旁边认真记录，观察结束后采访他们，来听听他们的感受吧！

1 无贫穷

一个都不能少

在全球范围内，生活在极端贫困中的人口比例从 1990 年的 36% 下降到 2015 年的 10%。但仍有 7 亿多人过着极端贫困的生活，他们还在为满足最基本的生活需求而努力。世界在大步前进，也不能让他们掉队。

对比两个家庭产生的垃圾，你有什么发现?

很多时候，垃圾的成分可以反映家庭的生活状况。相对贫穷的家庭产生的垃圾往往是厨余垃圾或者其他垃圾，而相对富裕的家庭的垃圾桶里常常能发现很多的可回收物。

除了垃圾，收入与花费也可以直观地反映生活状况。

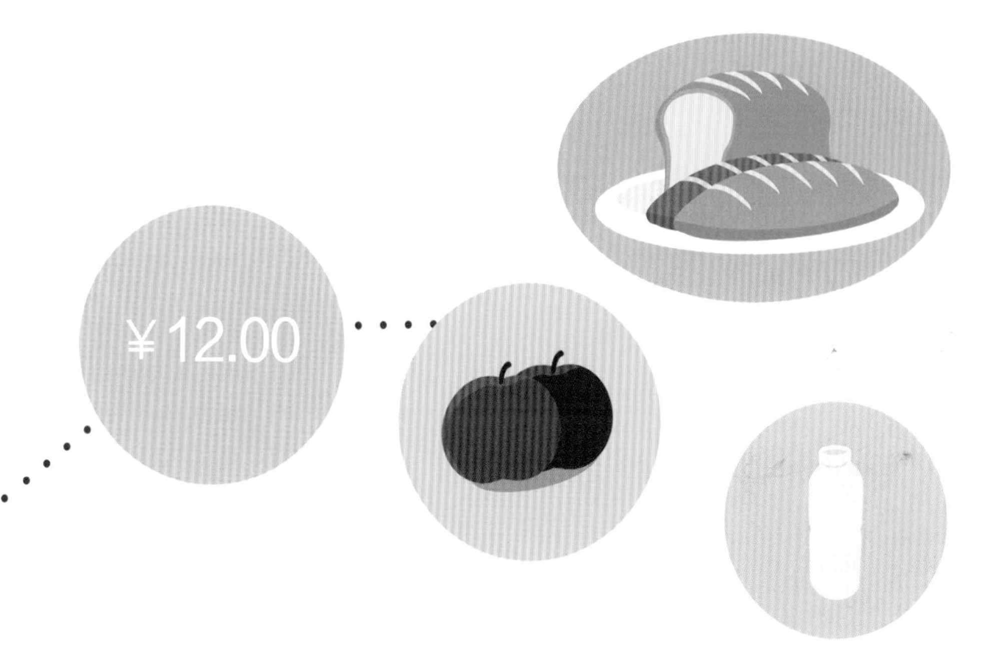

大城市超市的货架上，一个包装精美的棒棒糖卖到了 12 元人民币。

但是你知道吗，根据世界银行公布的国际贫困线标准，如果一个人平均每天的基本生活费用在 12 元（约等于 1.9 美元）以下，就可以被认为是生活在极端贫困中。目前，世界上有 7 亿多人（约占世界总人口的 10%）日均基本生活费用不足 1.9 美元。你买一根棒棒糖的花费就是他们一整天的生活费。

调查表明，他们对生活的不满程度非常高，因为他们对于水、卫生设施和医疗等的基本需求都无法被满足。

贫困的成因

自然条件恶劣

自然条件差的地区经常存在降雨量少、土壤贫瘠、灾害频发、气候寒冷或炎热等问题，这使当地居民难以开展各类生产活动，为他们的发展设置了“天花板”。

战乱

战争的破坏力惊人，土地房屋被毁，人们流离失所，背井离乡，连正常的生活都无法继续，更别说生产了。（到“脚下一平方”中了解更多吧！）

基础设施落后

很多偏远山区交通不便，导致生活服务、交通、通信、卫生等方面的基础设施缺乏，而这往往会进一步加剧贫困，形成恶性循环。

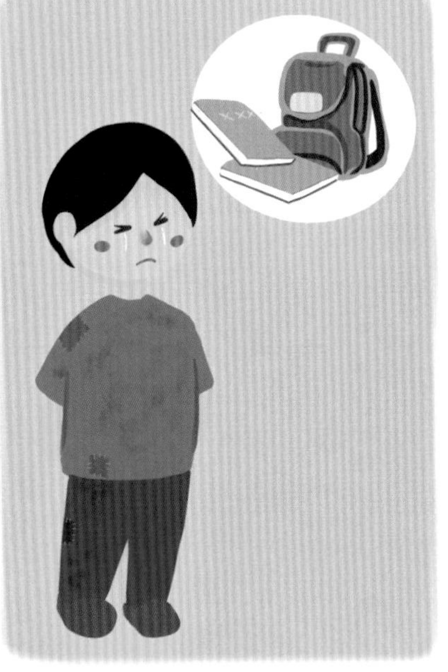

教育水平低

教育水平落后的国家和地区无法为个人发展提供充足的条件与机会，致使人才外流，当地便陷入了无人发展、贫困“难解”的“死胡同”。

收入低并不能完全反映贫困的本质。“贫困”体现在无法满足人们生存所需的最基本条件。或许，一个家庭虽然收入高，但却生活在一个缺乏干净饮用水的地区。单单“收入”这一个标准无法反映他们实际面临的困境。怎么才能准确地判断个人或者家庭是否贫困呢？

为此，联合国开发计划署和英国牛津大学贫困与人类发展中心共同制订了多维贫困指数（MPI），用来综合评估个人或家庭的贫困情况。这个评价体系包括健康、教育、生活水平 3 个维度的 10 个指标。

健康：营养状况、儿童死亡率。

教育：受教育程度、儿童入学率。

生活水平：享有饮用水、电、日常生活用燃料、室内空间面积、卫生环境、耐用消费品的状况。

西海固——易地搬迁

面对造成贫困的复杂成因，应分析当地具体情况，因地制宜从多维度采取措施。

中国现在已完全消除贫困。但是，你知道地处宁夏南部山区的西海固曾经是什么样子吗？当地自然条件恶劣、生态环境很差、十年九旱、交通不便，曾被联合国认定为“不适宜人类居住”的地方。

在当地政府的引导下，西海固的人民搬离了戈壁，来到了靠近黄河水、交通相对便利的地区，在这里开荒、盖房、发展农业等。他们住上了砖瓦房，用上了自来水，冰箱、洗衣机等电器也渐渐配齐。

移民搬迁只是脱贫的第一步。就像前面所说的，改变贫困还得从多个维度着手。各个村子鼓足干劲发展农业，还利用当地的自然环境做起了乡村旅游等新兴产业。收入一年比一年高，日子也越过越滋润了！

国际合作——脱贫的“场外援助”

发达国家与国际机构也会为发展中国家提供资金、技术等方面的支持。脱离贫困，共同富裕，一个人也不能少！

农业：2017 年，世界银行为中国广西欠发达地区贷款 1 亿元，支持当地培育安全、绿色、高质量的有机产品，帮助农户增加收益。

基础设施：2015 年 4 月，尼泊尔发生大地震。国际竹藤组织快速地为当地提供了技术援助，教会当地民众用竹子这类生长迅速、柔韧的材料重建房屋与公共设施，打造了一批有韧性的房屋。

教育：2018 年 9 月，亚洲开发银行批准 5 亿美元用于支持孟加拉国的“小学教育计划”，帮助当地建立高效、包容和公平的教育体系，为学前班到五年级的儿童提供优质教育。

清洁能源：中国帮助亚非发展中国家利用当地水力资源，修建中小型水电站及输变电工程，还向许多发展中国家传授沼气生产技术。（到“发光的垃圾”中了解更多吧！）

与你互动

假设你生活在乡村，你所在的村子在一座大山里，水源充足，气候湿润，空气好，但交通不便，老人看病难，儿童上学难。现在，请你为村子的发展出谋划策吧！

你可以结合现状，从以下 4 个方面进行思考。

怎样提高儿童、成人的教育水平。

怎样解决看病难的问题。

如何改善水、电、交通、通信等方面的基础设施。

利用现有的地理优势，如何促进村子的经济发展。

除了以上的 4 个方面，你还能想到什么？

教育

太阳能发电

风力发电

农业

医疗

通信

交通

旅游业

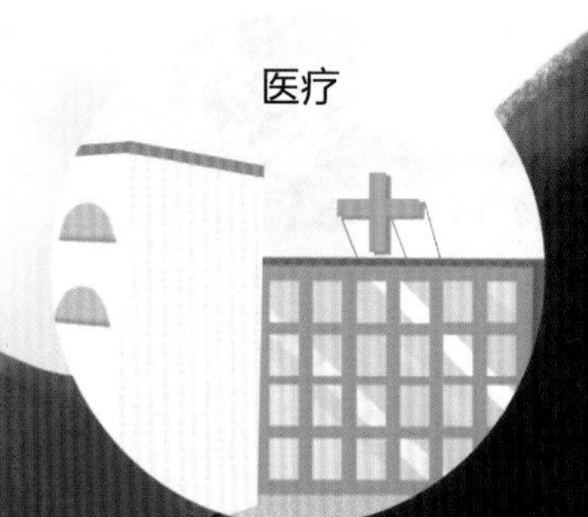

面对人类共同的挑战，没有人可以置身事外，也没有人可以独善其身。单单一个国家的努力远远不够。各国间精诚合作、同舟共济，才能实现人类共同的目标和愿景。

危险的“星星”

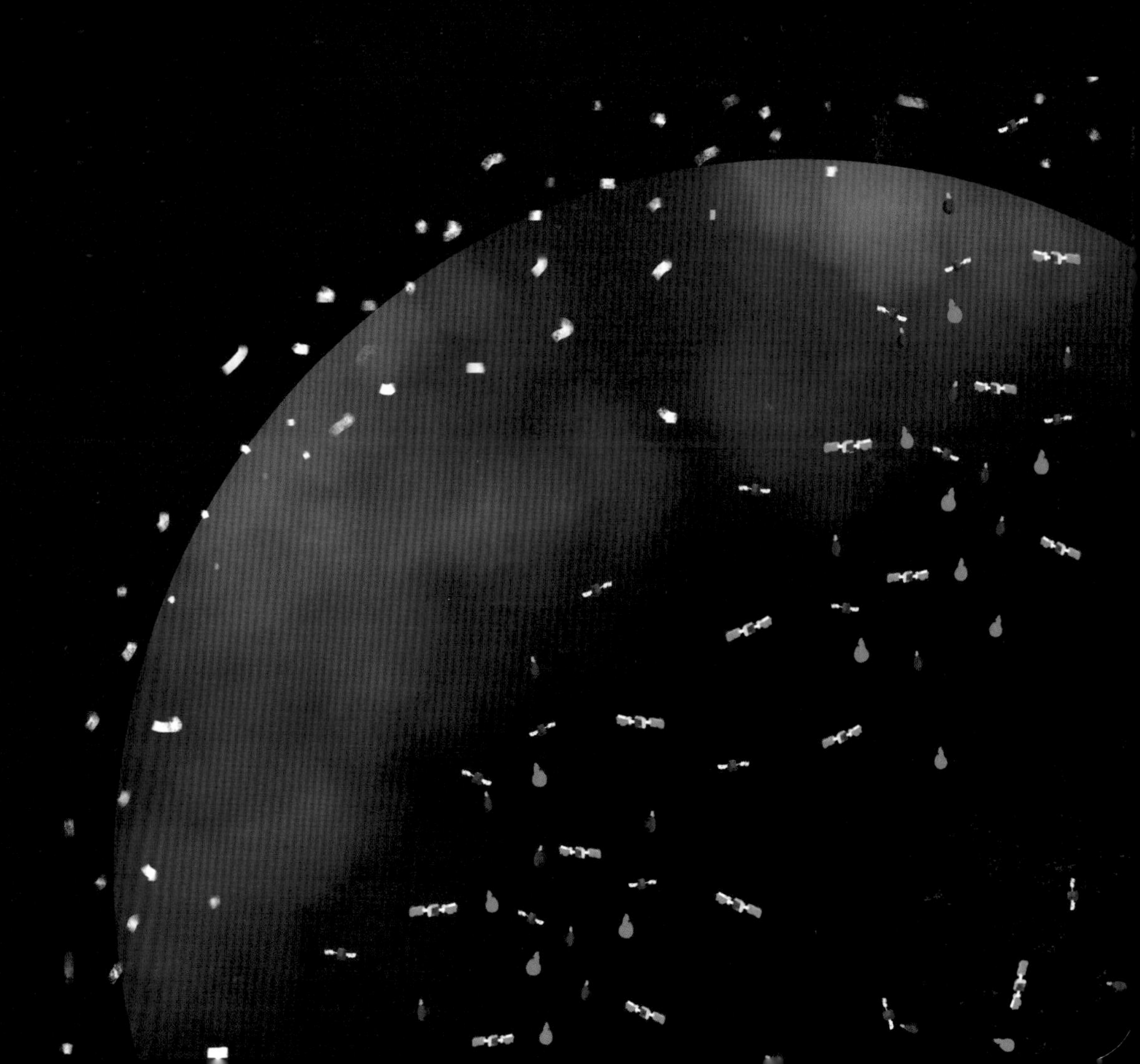

小朋友，当你在夜晚抬头望着美丽的星空时，你是否知道，在地球周围，也存在着诸多我们看不到的威胁？

自 1957 年人类发射第一颗人造地球卫星以来，截至 2021 年 7 月，地球轨道上已经有大约 7510 颗人造卫星但其中只有约 4500 个仍在服役中。剩余的那些被遗弃在地球轨道上，变成了暗藏危机的“太空垃圾”。

除了废弃的航天器之外，太空垃圾还包括航天器受撞击产生的碎块，以及火箭脱掉的“衣服”，如用完的燃料箱和发动机等（现已有国际指南对此做出规定，即应对航天器做“脱轨”处理），宇航员有时也会不慎在宇宙中留下一些个人物品。

太空垃圾形态各异，有的像公共汽车那样大，有的像垒球那样小，更多的如药片一般碎小。目前，人类已经发现并追踪到了 29000 多块太空垃圾，但还有数以百万计的小碎片在地球周围漫游，并且数量几乎每天都在增加。

地球的近地轨道已经非常拥挤，太空中发生“交通事故”的概率也大大增加，很有可能像多米诺骨牌一样，牵一发而动全身。

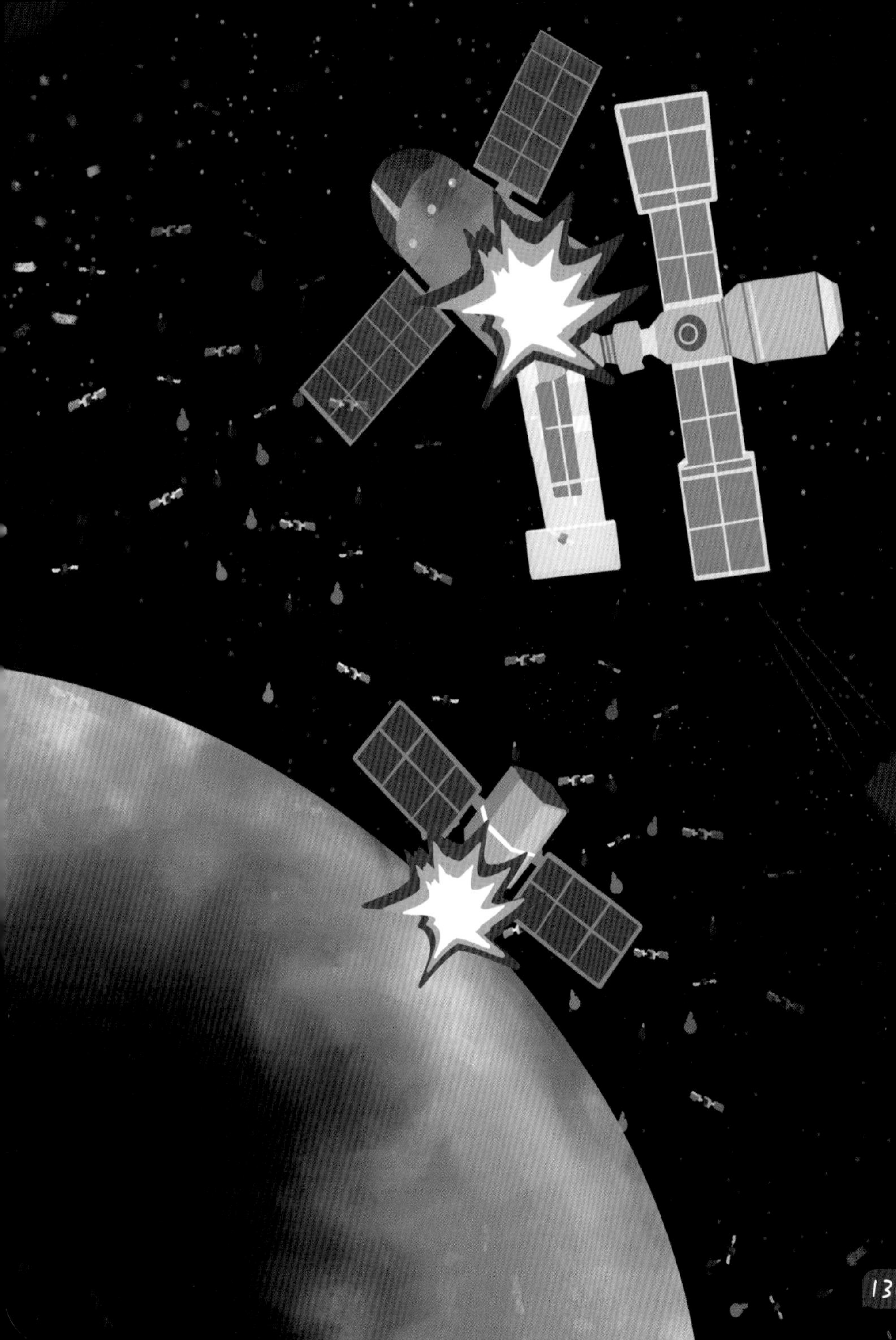

太空垃圾的飞行速度约为 7~8 千米 / 秒，相当于狙击枪子弹飞行速度的 6~7 倍！别看有些太空垃圾只是很小的碎片，但它甚至可以直接将航天器打穿，对航天器和航天员的安全造成很大的威胁。

太空垃圾还有更大的危险：一次撞击会产生很多碎片，当这些碎片撞击一个又一个航天器时，则产生更多碎片，引发“连环撞”，将形成无法控制的连锁反应。1996 年，法国一卫星与十多年前的“阿丽亚娜”号火箭残骸相撞，最终卫星失稳。2009 年，仍在运行的美国商用卫星“铱 -33”与报废多年的俄罗斯卫星“宇宙 -2251”发生碰撞，最终“同归于尽”，并产生了上千块碎片。

太空中的很多卫星是现代人类赖以生存的基础设施，如全球卫星导航系统（GPS）、气象卫星、通信卫星等，如果这些人造卫星被破坏，将影响人类的生活。

清理太空垃圾的“奇思妙想”

太空碎片隐患巨大，很多国家都想出了一些奇妙的解决方案。然而这些方法都面临着技术、资金甚至法律上的难题。一个国家的力量仍然太过微小，需要各国间的协同合作来维持太空环境的安全。一些国际组织也开始制订“太空交规”。

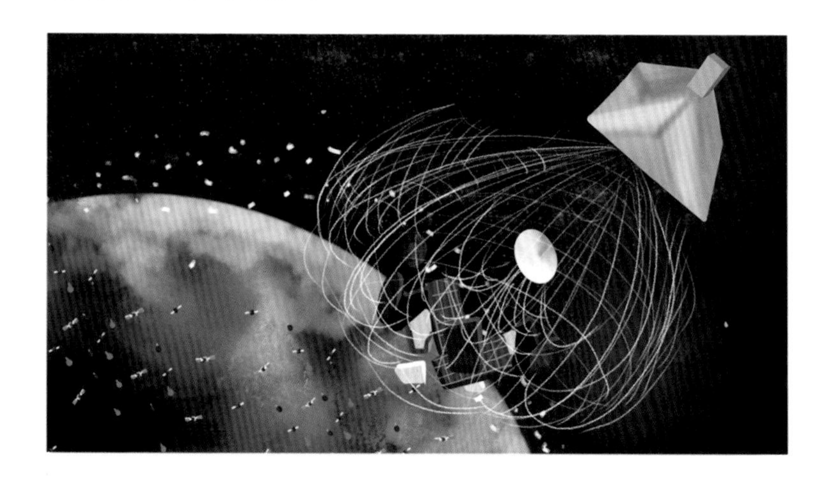

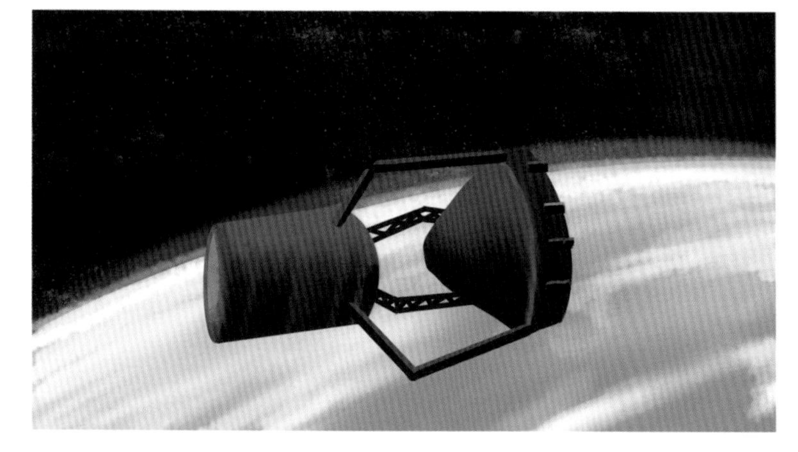

太空“渔网”

2018 年，由英国萨里大学牵头，在太空中成功测试了一种太空“渔网”。借助卫星在太空中射出一张大网，像捕鱼一样将太空垃圾收集起来，一起抛到大气层中烧毁。

太空清洁工

欧洲航天局计划在 2025 年发射一个“机械清洁工”。执行任务的航天器上会装有一套机械手臂，可以定位并抓取目标，并将目标带到大气层烧毁。

宇宙“千里眼”

美国空间监视网络能对运行在空间轨道上大于 5 厘米的空间碎片进行跟踪监测、特征探测和编录，甚至还能预测轨迹，并进行碰撞预警。根据监测信息，航天器就可以调整轨道位置，主动躲避太空垃圾。

“钝化”和“脱轨”

多国航天机构要求对结束任务的航天器进行“钝化”处理，如排空剩余燃料、对蓄电池和其他能量部件做失能处理等，避免发生爆炸。机构间空间碎片协调委员会（IADC）发布的指南也建议，航天器结束任务后，应使它们脱离轨道并返回大气层烧毁，或让它们进入“坟墓轨道”，减少碰撞的发生。

国际合作是国家或其他国际关系行为主体之间，由于一定领域内的利益和目标基本一致或部分一致而进行的不同程度的协调、联合和相互支持的行动。真正的国际合作必须建立在平等互利的基础上。

国际合作的种类和表现形式是多种多样的。很多国家在政治、军事、经济、文化科技、体育、艺术、卫生、环境等方面都有广泛的国际合作。

发展中国家的“互帮互助”——南南合作

除了各类国际组织发起的与发展中国家、欠发达地区的合作外，发展中国家之间也可以“互帮互助”。因为发展中国家多位于南半球，因此它们之间的合作也被称为“南南合作”。在这里，你可以看到它们在技术上相互帮助，比如，墨西哥在肯尼亚传授玉米培育及种植经验、中国帮助非洲抗击埃博拉病毒；在经济、贸易、金融领域，它们也彼此扶植、共同发展，比如，成员国之间互相减免进出口关税，促进商品交易流通等。在国际发展的跑道上，南南合作让发展中国家的小伙伴手拉手，跑得更快、更稳。

关注可持续发展的国际合作组织——德国国际合作机构

你知道吗，有很多国际组织一直在关注可持续发展领域的国际合作，德国国际合作机构（以下简称 GIZ）就是其中之一。它是一家隶属于德国联邦政府的非营利性机构，在全球 120 多个国家推动可持续发展，在中国开展中德合作也有超过 40 年的历程了！

其中，GIZ 中国“环境与循环经济”团队为城市生活垃圾的管理、政策制定和技术选择提供专家建议，示范先进的技术以解决农村畜禽粪污（也就是动物的臭臭啦）、秸秆和地膜残留问题。除此之外，塑料（包括生活中你能想到的所有塑料包装）的循环再生、汽车拆解回收、废旧纺织品重回时尚、河流与海洋中的垃圾管理、生物多样性等也都是它关注的问题。

联合国儿童基金会（UNICEF）

正式成立于 1953 年。其宗旨是保护儿童的权利，帮助儿童获得基本的需要，帮助儿童发挥自己的最大潜能。鼓励全世界的家庭让女孩受到和男孩同等的教育，努力保护自然灾害和战争中儿童的生命和健康，帮助发展中国家解决儿童营养不良、疾病和教育等问题。

联合国教育、科学及文化组织（UNESCO）

简称联合国教科文组织。1946 年 11 月成立。其宗旨是推动各国在教育、科学和文化方面的交流与合作，促进各国人民之间的相互了解和维护世界的和平与稳定。

联合国粮食及农业组织（FAO）

简称粮农组织。1945 年 10 月 16 日正式成立。其宗旨是通过与各国政府合作，不断改进人们的营养和生活水平，提高粮食和农产品的生产与流通效率，改善农村人口的生活状况；促进农业发展，消除饥饿与贫困，确保人们随时随地获得健康生活所需的粮食，为世界经济发展作出贡献。

世界卫生组织（WHO）

1948 年 4 月 7 日，世界卫生组织章程正式生效，这一天便成为世界卫生日。其宗旨是“努力增进世界各地每个人的健康”。

* 本出版物内容不反映联合国（包括联合国官员）、联合国会员国的观点
* 联合国可持续发展目标网站网址：www.un.org/sustainabledevelopment/

与你互动

除了国家间的合作，其实，在日常生活中，我们与小伙伴之间相互帮助、相互配合，一起完成一项复杂的工作，又何尝不是一种合作呢？请以小组的形式，拍摄与“垃圾”相关的视频短片，时长约 5 分钟。每个组至少有 3~4 个人，分配好导演、演员、摄影师等角色，通力合作完成这部短片。可以在本书中寻找灵感，最后记得在视频结尾处说明小组成员的分工哦。

索 引

来填涂属于你自己的多彩世界吧！

名同学结
述了对 17
作提供了
意，你们
”一样，
发光”。

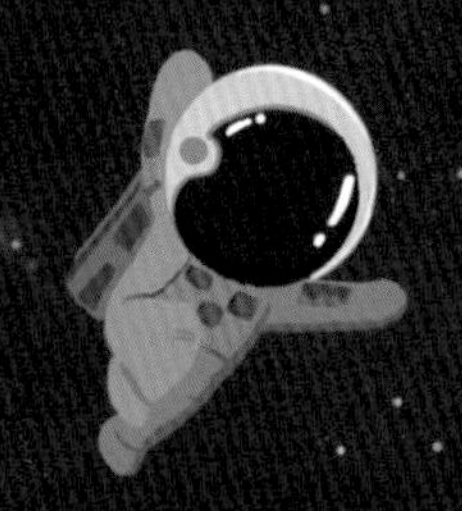

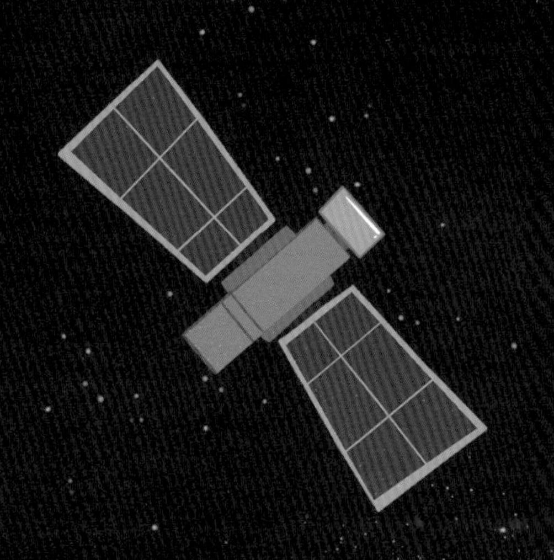

姓名	学校	专业
白佳琦	清华大学	环境工程
包欣琳	中国人民大学	资源与环境经济学
丛文杰	清华大学	环境工程
邓圳深	中国农业大学	农业机械化及其自动化
杜泽宇	中国农业大学	农业机械化及其自动化
冯经纬	中国石油大学（北京）	新能源科学与工程
高晗博	清华大学	环境工程
高林燕	中国农业大学	环境工程
郭佳	清华大学	环境工程
郭思琼	中国农业大学	农业工程
孔艺霖	中国农业大学	环境科学与工程
李康	中国农业大学	农业机械化及其自动化
李卓蓉	北京科技大学	环境工程
林芷如	清华大学	环境工程
刘婧琪	清华大学	环境工程
刘严	北京航空航天大学	环境科学与工程
刘泽轩	中国石油大学（北京）	新能源科学与工程
刘子玉	中国石油大学（北京）	新能源科学与工程
庞琳琳	北京航空航天大学	环境科学与工程
孙文瑾	北京航空航天大学	环境科学与工程
唐毓	中国农业大学	农业机械化及其自动化
汪锡媛	清华大学	环境工程
王彦超	清华大学	环境科学与工程
王逸明	中国人民大学	人口、资源与环境经济学
吴宇辉	清华大学	环境工程
向月皎	中国人民大学	人口、资源与环境经济学
谢璨阳	清华大学	全球环境国际班
徐雅宁	北京科技大学	环境工程
薛颖	中国农业大学	环境工程
于露	北京科技大学	环境科学与工程
于强	中国农业大学	农业机械化及其自动化
张熹	中国人民大学	资源与环境经济学
张艺懿	中国人民大学	政治学、经济学与哲学（PPE专业）
赵林曦	清华大学	智能工程与创意设计

（根据姓氏拼音排序）

垃圾王国的旅程结束了！

想想看，为什么此次旅行的线路是这样的顺序?

回忆一下你的探险，有什么别样收获和新奇的体验呢?

快邀请你的朋友们也一起加入吧！